Abhandlungen
aus dem Gebiet der Bäder- und Klimaheilkunde
Herausgegeben von
H. Vogt-Breslau · **K. Knoch**-Berlin
Heft 4

Klimatische Behandlung Innerer Krankheiten

Klinische Erfahrungen und experimentelle Untersuchungen zur Physio-, Patho- und Therapoklimatik im Mittelgebirge

Von

Dr. med. habil. **Walther Amelung**

Privatkrankenanstalt für Innere- und Nervenkranke
Königstein im Taunus

Mit 18 Abbildungen

Berlin
Springer-Verlag
1941

ISBN-13: 978-3-642-88900-4   e-ISBN-13: 978-3-642-90755-5

DOI: 10.1007/978-3-642-90755-5

Vorwort.

Die hier gebrachten Darlegungen sollen Rechenschaft ablegen von dem Versuch, in einem heilklimatischen Kurort des deutschen Mittelgebirges ein großes Krankheitsgut nach einheitlichen Gesichtspunkten ärztlich und bioklimatisch zu studieren. Über diese klinisch-klimatische Beobachtung am kranken Menschen hinaus ergab die ärztliche Gemeinschaftsarbeit mit der Meteorologie, wie sie hier in dieser Form wohl erstmalig durchgeführt wurde, manche neue Fragestellungen und Ergebnisse, die nicht nur mit zum Aufbau einer bisher noch kaum bearbeiteten Mittelgebirgsphysioklimatik dienen können, sondern vor allem auch die *praktische Heilkunde* fördern sollen. Wie kaum ein anderes Forschungsgebiet ist die Bioklimatik von zahlreichen, oft schwer entwirrbaren Einzelfaktoren mit komplexer Wirkung abhängig. Es ergibt sich daraus die große Schwierigkeit jeder heilklimatischen wissenschaftlichen Arbeit. So bin ich mir auch darüber vollkommen im klaren, daß manche meiner Untersuchungen und Beobachtungen nur als ein Versuch aufzufassen sind, überhaupt einmal den Problemen sich zu nähern. Die seit langem vorbereitete Arbeit wurde mitten im großen Ringen um das Schicksal Deutschlands zu dem hier vorliegenden vorläufigen Abschluß gebracht. Es ist die Hoffnung des Verfassers, daß seine bescheidenen Bemühungen nach siegreich beendetem Kriege mithelfen dürfen, die heilenden und stärkenden Kräfte des deutschen Klimas und seiner Kurorte für den Aufstieg unseres Volkes noch weit mehr als bisher nutzbar zu machen.

Herrn Professor Dr. FRANZ LINKE in Frankfurt am Main, dem Direktor des Univ.-Instituts für Meteorologie und Geophysik, sei *diese Schrift* in Verehrung *gewidmet* als Zeichen der großen Dankbarkeit, die der Verfasser und mit ihm die ärztliche Klimaheilkunde dem unermüdlichen und wegweisenden *Vorkämpfer und Erforscher der Bioklimatik* schulden.

Königstein im Taunus, März 1941.

WALTHER AMELUNG.

Inhaltsverzeichnis.

I. Der Arzt im Kurort im Wandel der Zeiten und die klimatische Behandlung im Rahmen der Gesamtmedizin und der Naturheilkunde.

Die Medizin von heute, die wissenschaftliche Forschung und das praktische Handeln am Krankenbett sind beherrscht von dem Willen zur Synthese. In Überwindung einer oft zum Dogma erstarrten Kluft zwischen „Schulmedizin" und „Naturheilkunde" entsteht oder entsteht wieder einmal eine Heilkunde, die besonders bestrebt ist, in den stolzen Bau der klinischen Medizin erprobte Gedanken und Verfahren der Volksmedizin und im Sprachgebrauch als „natürliche" bezeichnete Heilweisen aufzunehmen. Die *Bäder- und Klimaheilkunde* stand in früherer Zeit, so scheint mir, in diesem jetzt abebbenden Kampf zwischen Kos und Knidos in einer mehr neutralen, auf jeden Fall abseitigen Stellung. Der betont gesellschaftliche Zuschnitt selbst solcher deutschen Badeorte, deren heilende Wirkung wir heute sehr ernst nehmen, war für die wissenschaftliche und ärztliche Geltung des Kurarztes einer verflossenen Epoche nicht ohne Gefahren. In ein Badeleben eingeordnet, das zunächst höfisch-aristokratisch (man vergleiche GOETHES Karlsbader Gedicht zum Empfang der Kaiserin Maria Ludovika), später auf die gesellschaftliche Eleganz einer reichgewordenen Oberschicht zugeschnitten erschien, waren der Arzt und seine Verordnung nur ein Faktor unter vielen, die dem Ort und der Kur den Charakter gaben. Es ist aber nicht zu verkennen, daß immer wieder starke und eigenwillige Ärzte durch Persönlichkeit und Können die Kurortführung besaßen, den ernsten heilenden Charakter des Ortes sicherten und der Gesamtmedizin neue fruchtbare Gedanken aus ihrer örtlichen Empirie sicherten. Man denke an die Bedeutung der Ärztefamilie THILENIUS für Bad Soden/Taunus. Eine medizingeschichtliche Studie steht meines Wissens noch aus, die die *Bedeutung der kurärztlichen Forschung für die Fortschritte der Medizin* herausgearbeitet hat; sie würde sicher eine Ehrenrettung des vielverspotteten Badearztes. Auf der anderen Seite haben die „Kanzeln der Schulmedizin", die *Universitäten*, weitgehend die *Entwicklung der deutschen Kurorte gefördert*. Ohne Vollständigkeit zu beanspruchen, einige eindringliche Beispiele: HUFELAND hat sein „Journal" bereitwillig den badeärztlichen Mitteilungen geöffnet; er wies schon darauf hin, daß die Quellenanalyse nicht alles sagt und daß die so gefundenen Substanzen in natürlichen Mischungen und Auflösungen ungleich wirksamer sind als in künstlichen; bei den Verordnungen von „Höhenluft" und „Bergluft" mußte er sich naturgemäß in den Grenzen damaliger klimatologischer Erkenntnis halten (vgl. auch DEICHERT). Der große Kliniker SCHOENLEIN, der übrigens wie WUNDERLICH schon bioklimatischen und meteoropathologischen Fragestellungen in seiner Krankheitslehre besondere Beachtung schenkte (v. PHILIPSBORN), hielt seine schützende Hand über den viel angefeindeten Schöpfer der klimatischen Therapie der Tuberkulose, BREHMER[1]; er sandte seine

---

[1] „Weder das tuberkulöse Granulom als Tuberkelknötchen noch die Entdeckung des Tuberkelbacillus hat die Phthiseotherapie so sehr gefördert wie die unspezifische Behandlung durch Freiluftruhekuren und Diätbehandlung, wie sie als deutsche Großtat von BREHMER in Görbersdorf zuerst durchgeführt wurde" (VON BERGMANN 1941).

an chronischen Katarrhen leidenden Patienten mit Vorliebe in Solbäder (THILE-
NIUS). Der Marburger Hochschullehrer F. W. BENEKE erkannte die Kohlensäure
im Thermalsolbad als wichtiges Heilmittel bei Herzkranken; ihm verdankt Bad
Nauheim seine Entdeckung als Herzheilbad, ebenso wie BENEKE weitgehend die
wissenschaftliche Erforschung der deutschen Seebäder anregte. FR. LINKE in
Frankfurt/Main hat auf einer zunächst rein meteorologischen und geophysikalischen
Basis beispielhaft die klimatischen Voraussetzungen der Kurortlehre gezeigt und
dann mit feinstem Verständnis für die biologischen Fragen die angewandte Bioklimatik als exakte Disziplin der Naturwissenschaften herausgestellt.

Die *Klimaheilkunde* verdankt sicher manche Förderung der eigentlichen
Naturheilkunde. In der Geschichte des Luftbades dürfen der Name von PRIESS-
NITZ ebensowenig vergessen werden wie die Bestrebungen der um den „Naturarzt" sich scharenden Laienvereine und bei dem Sonnenbad der Name von
RIKLI. Die *moderne wissenschaftliche Behandlung mit dem natürlichen Sonnenlicht*
ist aber von den *Ärzten* BERNHARD und ROLLIER *in empirischer Forschung* in
Schweizer Kurorten geschaffen worden. Es ist wichtig, daß die Heliotherapie,
die sich prophylaktisch und therapeutisch von so weittragender Bedeutung für
die Volksgesundheit erwies, von ihren Meistern rein aus der praktischen Erfahrung und Beobachtung vorbildlich ausgeübt wurde, eine sehr erfolgreiche
Behandlungsweise, zunächst ohne die Anwendung eines überprüfenden Labo-
ratoriums oder einer Experimentalmethodik. Es wird in den späteren Ausführungen gezeigt werden, wie die analytische Forschungsrichtung, die von den in
der Meteorologie und an künstlichen Strahlern erprobten Methoden ausgeht, die
natürliche Lichttherapie befruchten und verfeinern kann.

Die *Kaltwasserheilanstalt* des vorigen Jahrhunderts, von mir wohl zuerst als
eine der wichtigsten Ausgangsquellen des heutigen Sanatoriums und der Entwicklung der klimatischen Kurorte herausgearbeitet, mußte zunächst, im Rous-
seauschen Sinne, äußerlich als Opposition gegen die gesellschaftliche Eleganz
der Luxusbäder wirken. Sie war aber weit eher die Reaktion des ärztlichen Be-
handlungswollens, des Dranges jedes echten Arztes, seinen Kranken zu heilen
und darüber hinaus zur Gesundheit zu erziehen (die individuale und die soziale
Seite des Arztes) gegen einen gesundheitswidrigen Lebensstil im Kurort, gegen
eine Einstellung, die weniger den Behandlungsplan achtete, als Gesellschaft,
Amüsement und gepflegte Unterkunft. *Die Anstalten waren* auch wie manche
uns heute vielleicht absonderlich erscheinende naturheilerische Laienbestre-
bungen sehr *ernste Versuche*, die im rasch aufkommenden Maschinenzeitalter ein-
tretenden „*Rhythmus*"störungen irgendwie *abzuschwächen*.

Folgende sehr gegenwärtig anmutende Worte des schlesischen Wasserheilanstaltsarztes
Dr. KEIL (Naturarzt 19. III. 1863) sollen der Vergessenheit entrissen werden: „Die jetzige
bedeutende Frequenz der Bäder und klimatischen Kurorte bietet den erfreulichen Beweis,
daß sich die Menschen, um ihre Gesundheit zu erhalten und die verlorene wiederzugewinnen,
mehr der Natur hingeben als früher, sei es auch nur, um in ländlicher Zurückgezogenheit für
einige Zeit Erholung zu finden von dem Treiben des Geschäfts- und Gesellschaftslebens, um
statt der Luft der Kontore, Büros und Salons einmal im Jahre frische Landluft einzuatmen.
Auch das Letztere ist für viele ein erheblicher Gewinn. Denn schon das Zusammensein der
Menschen in größeren Städten wirkt durch die unendliche Menge dadurch entstehender
Schädlichkeiten übel ein. Hierzu kommt die Spannung der Seelenkräfte, welche das moderne
Geschäftsleben in erhöhtem Maße erfordert, sowie die Umdüsterung des Gemütes, die nicht
selten damit verbunden ist. Solche Mißverhältnisse auszugleichen, dient ein mehrwöchiger

Aufenthalt in Berg und Wald, wo „Apoll aus frischen, klaren Quellen beut Trank des Genius uns", wo man entfernt von Sorgen in einfacher Stille lebt, um Frohsinn, Zufriedenheit, Sinn für Einfachheit und verjüngte Kraft nach Hause zurückzubringen."

Durch gesunde Lebensweise, die man hauptsächlich durch die Wasserbehandlung einleiten wollte, aber auch schon durch Luftbehandlung, durch Diät und Kleiderreform, trat man auch einer oberflächlichen Gestaltung des Badelebens entgegen, die Unsitten des heimatlichen Alltags duldete, ja sie oft pflegte.

Es wäre naheliegend gewesen, daß alle diejenigen, die Hebung der Gesundheit des Einzelnen und des Volksganzen durch Betonung der natürlichen Lebensweise erstrebten, sich gefunden hätten. Überprüft man hier die Entwicklung der letzten 120 Jahre und durchforscht man die balneologische Literatur, die zahlreichen Darstellungen einzelner Kurorte von guten Ärzten und anderseits das naturheilerische Schrifttum, wie es die seit 1862 erscheinende Zeitschrift der „Naturarzt" (Fortsetzung des „Wasserfreundes") repräsentiert, so muß man leider feststellen, daß die Anregungen, der *gegenseitige Austausch zwischen den Badeorten und der Naturheilkunde teilweise sehr gering* waren. Ein großer Teil der Schuld lag an der dogmatischen Einstellung der damals die Naturheilkunde beherrschenden Laien: 1863 schrieb der „Naturarzt" in einem Aufsatz „Mineralbad oder Naturheilanstalt" wörtlich folgendes:

„Nur in Naturheilanstalten, die sich lediglich dieser Naturheilmittel bedienen, können chronische Krankheiten wirklich geheilt werden, nicht aber durch und in Kuren mittels Arzneien, mögen sie Mineral-, Trink- oder Badekuren heißen."

Weiter werden die Erfolge in Badeorten nur auf die vernünftige Ernährung, auf seelische Entspannung zurückgeführt; die äußerlich oder innerlich angewandten Mineralien werden als dem Körper „fremdartige" und damit schädliche Stoffe abgelehnt. Auch sonst finden wir immer wieder Hinweise, die „Mineralstoffe" und „narkotische Pflanzensäfte" gleichsetzen, eine enge Einstellung, die uns heute vielleicht fremd anmutet. Eine geringe Einschätzung der balneologisch-klimatischen Heilmöglichkeiten findet man freilich auch heute in manchen Laienkreisen der Naturheilkunde. Dabei wäre es naheliegend, gerade die Mineralwässer den homöopatischen Heilmitteln zuzurechnen.

„Allerdings widersprechen die Mineralwasser der Ähnlichkeitsregel; andererseits sind sie auch keine typischen allopathischen Mittel, sondern als Heilmittel sui generis zu betrachten" (PAUL SCHOBER).

Zusammengefaßt sehen wir folgendes Bild von den Heilbestrebungen *in der zweiten Hälfte des vorigen Jahrhunderts*, die in unsere Zeit noch hineinreichen: Das Wirken und Denken der meisten Ärzte wird, von den echten „Homöopathen" abgesehen, beherrscht von den Lehren der klassischen Schulmedizin. Auch die *Ärzte in den Badeorten* sind im allgemeinen in *enger Anlehnung an die Lehren der Klinik*; ihre eigentlich balneoklimatische Behandlung ist mehr empirisch als experimentell unterbaut und wird bei dem noch ungenügenden theoretischen Unterbau vielfach zu Unrecht nicht voll gewürdigt. In Kurorten mit balneologischen und klimatischen Vorzügen, aber auch andernorts, wenn nur die Landschaft lieblich und verlockend war, entstehen „*Kaltwasserheilanstalten*", später „Wasserheilanstalten" genannt (in diesem Jahrhundert fortentwickelt zur „Kuranstalt", zum „Sanatorium"), deren Leiter nicht immer, aber häufig Ärzte waren, zunächst ausgesprochen *naturheilerisch* eingestellt. Die inzwischen sehr groß gewordenen Naturheilvereine sind sehr besorgt, daß diese Anstalten, die einen sehr starken Zustrom, dazu aus hohen Kreisen der Aristokratie und der Finanzen, haben (1839 gab es nach dem „Wasserfreund" 8 Anstalten — 1890 rund 90 im Deutschen Reich und Österreich), in ihrer Richtung bleiben. Früher habe ich gelegentlich einer kleinen medizinhistorischen Studie darauf hingewiesen, wie in der Mitte des vorigen Jahrhunderts primär hydrotherapeutisch eingestellte, aber vorurteilsfreie Ärzte die jetzt anbahnende Synthese damals schon erfaßten. Der nassauische Medizinalrat Dr. GEORG PINGLER (1815—1892) war zwar ein „Wasserdoktor", ein aber auch in seinem System der Wasserheilkunde über seinen Lehrer PRIESSNITZ hinausgewachsener Arzt. Er war im Gegensatz zu vielen anderen Ärzten damaliger Zeit, die neben dem Wasser und vegetarischer Kost vielleicht nur gewisse Heilkräuter gelten ließen, stets bestrebt, „sich rein in der Fahrstraße der Wissenschaft zu halten", nahm das Gute, wo er es fand bis zur medikamentösen Therapie der Lues mit Jod und Quecksilber. Er arbeitete in seiner von 1882—1906 in 6 Auflagen erschienenen Monographie „Die Syphilis. Ihr Wesen und gründliche Heilung", *sein Verfahren* aus. Dieses verband das für die damalige Zeit vor Wandlung der Syphilistherapie durch Salvarsan, Wassermannsche Reaktion und Entdeckung der Spirochaeta pallida beste Heilmittel der klinischen Medizin, das *Quecksilber mit einer Konstitutionstherapie*, die durch Wasser, Klima, Diät einschließlich Fasten die natürlichen Abwehrkräfte des Körpers stärken wollte, ein uns heute sehr modern erscheinendes Denken.

In der Therapie PINGLERS finden sich auch schon weitgehend *klimatische Behandlungsvorschriften* neben der Erkenntnis von dem *Heilwert der Landschaft*. Das ist durchaus bemerkenswert. Nachdem die Spätantike, besonders unter dem Einfluß von GALEN, planmäßig klimatische Therapie getrieben hatte, verloren anscheinend das Mittelalter und die ersten Jahrhunderte der Neuzeit die bewußte Erkenntnis von dem Wert klimatischer Faktoren (WEHRLI). Die dafür stärker kultivierten Mineralbäder konnten sich aber auf die Dauer nur halten, wenn sie besondere klimatische Vorzüge aufwiesen. Von der Mitte des vorigen Jahrhunderts an sind die Schilderungen der einzelnen Bäder, die wissenschaftlichen Darstellungen der Badeärzte bemüht, auch das Klima eingehender zu studieren. Die Konkurrenz der Wasserheilanstalten, die Luft und Sonne priesen und dem örtlichen Klima besondere Beachtung schenkten, zwangen das Mineralbad vor 100 Jahren, sich mit seinen klimatischen Verhältnissen zu beschäftigen, ebenso wie heute, unter der Einwirkung der modernen Klimatologie, führende Heilbäder den Ehrgeiz haben, auch als „Klimatische Kurorte" anerkannt zu werden. Diese *klimatische Behandlung vor 100* oder vor *80 Jahren* ist aber noch sehr schüchtern, zunächst noch ein *Anhängsel der Mineralwasserkuren oder der Wasserheilbehandlung*. Wie für PINGLER die Hydrotherapie noch im Vordergrund stand, so waren selbst für BREHMER in Görbersdorf und SPENGLER in Davos, jene Schöpfer moderner klimatischer Behandlung, die hydrotherapeutischen Prozeduren unerläßliche Faktoren in ihrer die bisherige Tuberkulosetherapie umstürzenden Heilweise. Einleitend sei die Tatsache verbucht, daß viele große Hydrotherapeuten auch Klimatherapie trieben, sei es sich noch zufriedengebend mit heute uns verschwommen erscheinenden Begriffen wie „gute Luft", „Sonne" oder schon bemüht, auch klimatisch zu exakten Begriffen zu kommen, wie es für BREHMER bekannt ist und ich an anderer Stelle für PINGLER nachweisen konnte.

II. Die methodischen Voraussetzungen und Möglichkeiten einer wissenschaftlichen ärztlichen Klimaforschung und -behandlung.

Die *empirische Klimaheilkunde* hat schon *seit Jahrzehnten große praktische Erfolge* aufzuweisen. Das Wort, das für die Tuberkulose gilt, daß das Klima nicht das alleinige Heilmittel sein kann, aber auch jede Therapie klimatisch unterbaut sein muß, gilt auch für viele andere Erkrankungen. Am sinnfälligsten und am wenigsten zu bezweifeln sind freilich die Erfolge dieser im wesentlichen aus der intuitiven Praxis erwachsenen Therapie bei der Tuberkulose, besonders bei den extrapulmonalen Formen. Das ärztliche Bestreben ging schon frühzeitig dahin, Zusammenhänge zwischen den beobachteten Heilwirkungen des Klimas und meteorologischen Größen herzustellen; in zahlreichen Wasserheilanstalten, später auch in Lungenheilanstalten (DETTWEILER) wurden regelmäßig Luftdruck-, -temperatur und -feuchtigkeit kontrolliert. Diese Beobachtungen konnten aber nicht die Feinheiten der Klimaeigentümlichkeiten, die der Arzt zur richtigen klimatischen Behandlung kennen muß, zeigen. Zwar hatte schon der damalige Sanatoriumsleiter DETERMANN 1901 in *St. Blasien* intuitiv erkannt, daß für die Klimaheilkunde die klassische Mittelwertklimatologie nicht so brauchbar sei wie die Schwankungen der meteorologischen Größen, aber die individuelle Erforschung der einzelnen Kurorte und der klimatischen Behandlungsmethoden setzten eine physikalische Klimatologie voraus, wie sie erst in den letzten 20 Jahren u. a. von F. BAUR, DORNO, LINKE und seinen Schülern (u. a. FLACH, FLOHN, ISRAEL, KUHNKE, LANDSBERG, L. SCHULZ), BÜTTNER, LOSSNITZER, MÖRIKOFER u. a. geschaffen wurde. Die große Arbeit und Sorgfalt, die der Begründer einer exakten Klimaheilkunde des Mittelgebirges, MARINUS VAN OORDT[1], für hervorragende klimatische Untersuchungen und monographische Darstellungen aufwandte, hatten nicht den erwarteten praktischen Wert, weil das VAN OORDT damals zur Verfügung stehende Material noch zu sehr auf meteorologischen Terminbeobachtungen und statistisch errechneten Mittelwerten der einzelnen Faktoren beruhte. FR. BAUR hat 1923 — wohl zuerst — auf die sehr *bedingte Brauchbarkeit von Mittel- und Extremwerten* der einzelnen meteorologischen Elemente für medizinische Zwecke *hingewiesen* und gefordert, daß „auf Grund von Registrierungen in Formen von Tabellen und geeigneten bildlichen Darstellungen ein Überblick gegeben wird, wie oft und in welcher Zeitdauer an dem gegebenen Ort in einem bestimmten Zeitraum gewisse Schwellenwerte der klimatischen Reizgrößen und der Abkühlungsgröße unter- oder überschritten werden"; die „*Mittelwert-Klimatologie*" sei *durch* eine „*Häufigkeits-Klimatologie*" zu ersetzen und zu einer befriedigenden Darstellung des Klimas eines Ortes gehöre u. a. auch die Angabe der „Größe der Schwankungen", statistisch ausgedrückt der „Streuung der einzelnen Wetterelemente". Treffend stellt in Fortsetzung der vorerwähnten Gedanken H. FLOHN der *klassischen, analytischen Klimaauffassung*, die das Klima als „mittleren Zustand der Atmosphäre" ansah, die *moderne, synthetische Auffassung* gegenüber, die im Klima „die Gesamtheit der Witterungen sieht, die durchschnittlich zu dieser Zeit des Jahres einzutreten pflegen". FLOHN umschreibt wie folgt die Aufgabe, die sich dem Meteorologen in der heutigen Klimakunde ergibt. „Gar oft

---

[1] Eine prägnante Darstellung des Lebenswerks v. O.'s und ein (nicht vollständiges) Verzeichnis seiner Schriften bringt A. PEPPLER (Z. angew. Met. 1933, S. 30).

beschränkte sich die Klimabeschreibung der klassischen Epoche auf eine rein formale Analyse der Mittelwerte, die doch nur das Gerippe des lebendigen, biologisch so wirkungsvollen Klimabegriffs darstellen und bestenfalls auf eine ebenfalls formale Häufigkeitsstatistik der Elemente. Demgegenüber muß sich die moderne Klimatologie bemühen, die trockene Statistik lebendig zu machen und die innere funktionelle Verknüpfung der Elemente zu einem organischen Klimabegriff miterleben zu lassen". Wie in der Meteoropathologie hat sich auch für die Kurortklimatologie die praktische Anwendung der *Luftkörperanschauung* (LINKE mit DINIES) als sehr brauchbar erwiesen. *Im Vergleich zu anderen Disziplinen* im Grenzgebiet zwischen Medizin und Naturwissenschaften erscheint aber auch *heute noch die Kurortwissenschaft wenig exakt gesichert.* Das hat weniger seinen Grund in den geophysikalischen Vorbedingungen als in den auf der ärztlichen Seite liegenden Schwierigkeiten. Die meteorologische Untersuchung des Bioklimas schreitet durch den oben geschilderten neuen Weg der Forschung bestens vor, und die straffe Organisation des *Kurortklimadienstes im Reichswetterdienst*[1] (unter KNOCH) bietet die erforderlichen technischen Voraussetzungen. Die Hemmungen, die einer exakten Begründung der ärztlichen Klimaheilkunde gegenüberstehen, sehe ich wie folgt: An sich ist die Zahl der Ärzte, die sich wissenschaftlich mit Klimaheilkunde beschäftigen, sehr gering, und die Zahl der Institute, die der Gemeinschaftsarbeit dienen, ist noch viel geringer. In den Kurorten gibt es heute nicht wenige größere Anstalten, deren Patientenzahl groß genug wäre, um sie auch einwandfrei statistisch auszuwerten; die leitenden Ärzte sind jedoch gewöhnlich ärztlich stark überlastet, und es fehlen die Geldmittel und das Interesse für physiologische Abteilungen an Ort und Stelle, die die Verbindung zwischen der praktischen Medizin und der Geophysik herzustellen hätten. In der Balneologie liegen die Verhältnisse hier wesentlich günstiger, die ältere Tradition und die wirtschaftliche Besserstellung der eigentlichen Bäder haben das Entstehen vorzüglicher Forschungsinstitute begünstigt. Die größten Schwierigkeiten für die *Klimaheilkunde* liegen aber in der Materie selbst: Zunächst *scheidet* der *Tierversuch,* der selbst in der Balneologie besonders beim Studium von Trinkkuren usw. noch angängig ist, *aus.* Abgesehen von den psychologischen Einwirkungen greifen die klimatischen Einflüsse an der Haut und den Schleimhäuten an; diese sind aber beim Menschen ganz anders als beim Tier.

Vom 13. XI. 1934 bis zum 1. I. 1935 setzte ich je 7 gleichaltrige junge Ratten, die aus gemischten Würfen stammten und von denen die Tiere des einen Stalles (A) 375 g, die des anderen (B) 385 g wogen, verschiedensten klimatischen Bedingungen bei gleichbleibender Ernährung aus: Die Tiere von A wurden in einem großen hellen Zimmer untergebracht, die Tiere von B in einem ungelüfteten dunklen Keller. Beide Räume wurden gleichmäßig leicht temperiert. Stall B blieb ständig in dem geschilderten Raum, dessen klimatische Bedingungen sich nicht änderten. Stall A wurde anfangs täglich 2 Stunden, dann 4 Stunden, 6 Stunden und zuletzt 8 Stunden täglich ans offene Fenster so gestellt, daß die Tiere frische Luft bekamen, unter Umständen auch Sonnenstrahlung erhielten, aber nicht naß werden konnten und nicht dem Zug ausgesetzt waren. Die Gewichte zeigt folgende Tabelle.

Nach rund 7 Wochen hatten die der Freiluft und Sonne ausgesetzten Tiere 70 g weniger zugenommen als die Kellertiere, ihre Freßlust und Gesamtentwicklung war schon bald geringer erschienen.

---

[1] Die bioklimatischen Forschungsstellen des Reichswetterdienstes, die an der See, im Mittel- und Hochgebirge arbeiten, befassen sich insbesondere mit dem Einfluß der Witterung und des Klimas auf den gesunden und kranken Organismus.

	Stall A	Stall B		Stall A	Stall B	
20. 11.	485	475	(19. 12.	—	—	bis 24. 12. nicht gelüftet wegen
27. 11.	595	570				stärkerer Nebelbildung).
4. 12.	720	735	27. 12.	850	920	
11. 12.	785	820	1. 1.	900	980	
18. 12.	810	875				

Im amerikanischen Schrifttum fand ich ähnliche Versuche, die auch deutlich ergeben, daß die Ratte als Dunkeltier nicht für klimatische Untersuchungen geeignet ist, ja daß das, was für den Menschen lebenswichtig erscheint, Licht und Frischluft, ihr schaden.

Es erschweren auch die klimatische Forschung die fast ständig schwankenden „Momentbilder", die das mitteleuropäische Klima durch den Ablauf der Witterung bietet. Kaum ein Tag gleicht in unseren Breiten in seinen meteorologischen Faktoren dem anderen; z. B. ist selbst bei Strahlungswetter die Sonnenstrahlung in einer Kurperiode durch aufkommende Bewölkung, Windeinflüsse kaum qualitativ und quantitativ konstant.

III. Was ist ein „Heilklima" und wodurch wirkt es?

Psychologische Einflüsse ergänzen stets die physikalischen des Klimas. Das Wort „*Heilklima*", das im einzelnen schwer zu definieren ist, umschließt bestimmt auch *seelische Momente*. In den „Zauber" der Heilquellen wie in den des Kurortes sind gewiß die Befreiung von Berufs- und Heimatmilieu, das Freisein von der Plage der Pflicht und der Langeweile des Alltags mit all seinen Normen sowie die so ungemein erfrischenden und euphorisierenden Einflüsse der lustbetonten Landschaft mit immer neuen Eindrücken neben gesellschaftlichen Freuden, die andere Lebenshaltung usw. hineingewebt. Nicht uninteressant ist die Neigung vieler Kurgäste, möglichst „salopp" sich zu kleiden und so äußerlich schon die „Ferien vom Ich" zu demonstrieren. Rein beruflich zugeschnittene Kurheime haben nur beschränkten Erholungswert, weil dort nie Fachsimpeln, Rangordnung und Berufssorgen verschwinden können. *Bei der heilklimatischen Indikationsstellung* ist immer *das psychologische Moment zu berücksichtigen*; einen gebildeten Menschen gegen seinen Willen in einen bestimmten Kurort zu versenden, ist stets ein größeres Wagnis als ihm eine unsympathische medikamentöse Behandlung aufzuzwingen. Ein wichtiger psychologischer Faktor ist auch der Kurarzt, der den Kranken nicht selten viel leichter führen kann als der Hausarzt, weil der Kurgast im Kurort Zeit hat, systematisch an seiner Gesundung zu arbeiten.

„*Heilklima*", *physikalisch gesehen*, ist *ein doppelter Begriff*: Einmal das Klima eines bestimmten Großraumes, einer Gegend, eines Kurortes, das erfahrungsgemäß heilende Wirkungen hat und dann auch die klimatischen Gegebenheiten einer bestimmten ärztlichen Anwendung (z. B. Sonnenbad). Und ebenso wie der Begriff „Mittelgebirgskurort" für die ärztliche Indikation nur ein Gerippe ist (man vergleiche z. B. die klimatologischen und damit auch therapeutischen Unterschiede zwischen dem benachbarten St. Blasien und Höchenschwand im Schwarzwald oder zwischen Braunlage und Schierke im Harz usw.), so ist auch jede einzelne klimatische Verordnung, wie z. B. ein „Luftbad", ein „Sonnenbad", keine scharf umschriebene Medikation, sondern sie ist in ihrem Heilwert oder

-unwert abhängig von richtiger Dosierung der jeweiligen meteorologischen Klimafaktoren bei einem Menschen bestimmter Krankheit und Konstitution. Nichts hat der Klimatotherapie so sehr geschadet wie das Schematisieren der Empfehlung der einzelnen Kurgegenden, -orte usw. bei dem Gebrauch klimatischer Anwendungen.

In den letzten Jahren ist auch wieder die Frage gestellt worden, ob die Klimakuren nicht hauptsächlich doch nur unspezifisch wirkten, d. h. die Klimakur ist wertvoll durch das naturverbundene Erlebnis der „Kur" an sich, die seelische Entspannung und neuen psychischen Auftrieb, durch körperliche Ruhe oder das Freiluftleben außerhalb der Großstadt. Diese Faktoren sind sicher bedeutungsvoll und von mir in den vorhergehenden Ausführungen in ihrem Werte durchaus betont. In meinem Vortrag „Umweltwechsel zur Erholung des Großstädters" habe ich, zurückgreifend auf die Gedanken von C. HAEBERLIN/*Bad Nauheim*[1] und H. VOGT, hervorgehoben, welche wichtige *Aufgabe des Kurortes* und seiner ärztlichen Führung es sein muß, *den erholungsbedürftigen Städter zum normalen Lebensrhythmus zurückzuführen*, seine Lebensführung anzupassen an die endogene Tagesperiodik, an den „Tagesgrundrhythmus" (DE RUDDER). Praktische Folgerungen aus der Rhythmusforschung für die Gestaltung des Kurlebens habe ich in diesen Frankfurter Ausführungen begründet. Aber über alle psychologischen Heilfaktoren und die Wiederanbahnung des normalen Rhythmus hinaus sind *die reinen balneologischen und klimatischen Möglichkeiten die wichtigsten therapeutischen Einflüsse im Kurort*. Vielfach ist der *Klimawechsel* als die Voraussetzung des klimatischen Erfolgs angesehen worden. Man anerkennt über die Milieutheorie hinaus eine echte Klimaheilwirkung, aber der „Klimawechsel" ist das A und O aller Klimatherapie" (z. B. LAMPERT und GRUNER), womit gesagt sein soll, daß der „Klimastoß", die Übersiedlung in anderes neuartiges Klima die Heilung anbahnt. Das ist vielfach sicher richtig. Ein akuter Schnupfen, der Status asthmaticus können so schlagartig beseitigt werden. Auch bei chronischen Leiden ist die klimatische Umstimmung durch den Ortswechsel nicht selten sehr eindrucksvoll, man denke hier an die verzögerte Rekonvaleszenz, bei der wir so häufig nicht nur durch den Wechsel des Milieus, sondern auch des Klimas an sich eine schnelle Wendung zum Besseren sehen. Der klinische Teil meiner Ausführungen wird dies vielfach belegen. Aber ich möchte den Klimawechsel im strengen Sinn des Wortes nicht als den wichtigsten Vorgang der klimatischen Behandlung ansprechen. Viele unserer klimatischen Mißerfolge sind bedingt durch die zu *kurzen klimatischen Kuren*. Während der Niederschrift dieser Zeilen wird mir eine Patientin zur klimatischen Kur überwiesen; der vorbehandelnde Arzt empfiehlt zur Behandlung einer seit 3 Jahren bestehenden Abdominaltuberkulose einen Aufenthalt von 4 (!) Wochen.

Ein *Heilklima* ist gekennzeichnet durch *positive Gegebenheiten* und das *Fehlen negativer Eigenschaften*. Ich verweise auf die durch LINKE angeregte Debatte über die Voraussetzungen eines Heilklimas, die ergänzenden Ausführungen von KNOCH, AMELUNG und KUHNKE, HELLPACH und die durch BACMEISTER ausgearbeiteten Richtlinien für die Anerkennung eines klimatischen Kurortes. Für

---

[1] HAEBERLIN hat zuerst in einem Aufsatz über das Wandern (Prakt. Arzt 1933 H. 18; vgl. auch Schrifttum) auf die Bedeutung der Rhythmusstörungen aufmerksam gemacht.

die Ausheilung bestimmter Krankheiten ist erforderlich, daß der Kranke lange Zeit diesen negativen Faktoren des Klimas (z. B. Großstadtklima, feuchte Nebel, stagnierende Luftmassen) entrückt ist und dazu stimulierende klimatische Einflüsse erhält. Daß endlich auch bei einem längeren Aufenthalt in einem Kurort ein gewisser „Klimawechsel“ sich immer wiederholt, dafür sorgt der Ablauf der Witterung, dafür sollte auch sorgen die ärztlich überwachte Dosierung der klimatischen Reize. Ein bestimmtes „Heil“klima ist freilich vielfach deshalb schon heilend, weil es durch seine charakteristischen Eigenschaften bestimmte klimatische Anwendungen besonders gut erlaubt. Mancher Kurort wirkt schon durch organisierte Ruhedisziplin auf den Nervösen: „die heilende ‚Milieu‘wirkung“. Lokale Einflüsse können einzigartige Möglichkeiten für eine klimatische Therapie ermöglichen; PFLEIDERER hat darauf hingewiesen, daß die Erfolge des Seeklimas wahrscheinlich nicht so eindrucksvoll wären, wenn der Strand nicht so ideale Möglichkeiten für Luft- und Sonnenbäder darbieten würde. Für diese den klimatischen Erfolg sichernde *Komplexwirkung der nur auf dem Boden bestimmter klimatischer Voraussetzungen möglichen, speziellen klimatischen Anwendungen und Betätigungen* möchte ich noch einige *Beispiele* bringen: Für den Gesunden ist der Erholungswert winterlichen Sports besonders groß. Sport und Freiluftgenuß erfordern aber im Winter bestimmte klimatische Verhältnisse, die nur das Gebirge, besonders das Hochgebirge, sichert. (Im Vergleich zur Ebene vermehrte und durch die niedere Lufttemperatur gut vertragene Sonneneinstrahlung, sichere Schneedecke, trockene, die Wärmeregulation des menschlichen Körpers erleichternde Luft; evtl. Windschutz in bevorzugten Tallagen.) — Süd- (Südost-, Südwest-) hangkurorte sind für Tuberkulöse besonders geeignet; Sonnenreichtum und Windschutz erleichtern gegenüber anderen klimatischen Lagen die Durchführung der DETTWEILERschen Liegekur. — Im Mittelgebirge ist das mittägliche Maximum des warmen Sommertages gegenüber dem Hochgebirge bisweilen schon durch die die Sonnenstrahlung abschwächende Dunstbildung gemildert. Aber selbst wenn die Lufttemperatur nur insoweit der Ebene gegenüber geringer ist, als dem Gradienten entspricht, bietet der Gebirgswald durch seinen Schatten auch in den Mittagsstunden dem Erholungsuchenden die Möglichkeit, der Hitze zu entfliehen und gleichzeitig im Freien zu sein.

Auch wenn man überzeugt ist, daß die Erfolge von Erholungskuren nicht nur „Milieuwirkungen“, sondern auch weitgehend klimatisch bedingt sind, so ist damit noch nicht die Frage der spezifischen Klimawirkung entschieden. Unabhängig voneinander haben hierzu PFLEIDERER und AMELUNG zuerst kritisch Stellung genommen; auch SCHITTENHELM hat sich später eingehend dazu geäußert. Gewissen Klimaten sind nach PFLEIDERER spezifische Eigenschaften zuzuschreiben (dem Wüstenklima die Kombination von Trockenheit und Wärme, dem Hochgebirgsklima die Luftdruckerniedrigung); das Klima des Mittelgebirges müsse man als ein mehr „unspezifisches“ ansprechen. Aber *bestimmte klimatische Eigenschaften* können meines Erachtens einer Gegend ein bestimmtes Gepräge oder auch eine *„spezifische“ heilende Wirkung* verleihen (Radioaktivität der Luft, „Luftemanationswirkung“ in Bad Gastein, das andere klimatische Indikationen als der annähernd gleich hohe Semmering hat; Jodarmut der Luft der hohen Tatra und schlesischer Kurorte begünstigen die Heilung von Schilddrüsenstörungen). Anderseits vertragen Kranke mit Thyreosen i. a. das deutsche

jodreiche Meeresküstenklima besonders schlecht; ich kenne mehrere einwandfreie Fälle von Exacerbation einer Basedowschen Erkrankung nach einem
Aufenthalt auf den Friesischen Inseln. Eines der simpelsten Beispiele klimato-
gener Wirkung ist der Heuschnupfen in seinem Entstehen und seiner Heilung,
und die nicht abzustreitenden klimatischen Reaktionen sprechen in diesem Sinn.
Auch die früher gebrachten Beispiele klimatischer Abläufe beweisen die klima-
gebundenen heilenden Wirkungen; ich verweise auf die Verbesserung des Schlafes
bei Nervösen und Herzkranken durch die nächtliche Abkühlung in solchen Kurorten, an deren Hängen ein lufterneuernder abendlicher Bergwind weht. Entstehung und Heilung des Bronchialasthmas ist vielfach mit abhängig von der
geologischen Beschaffenheit des Bodens. Die von C. HAEBERLIN/Bad Nauheim,
von AMELUNG und KUHNKE, neuestens auch von HELLPACH betonte klimatische
Bedeutung der leider noch wenig erforschten Luftduftstoffe sind hier anzuführen.
Luftaerosol und die ihm nahestehende Luftelektrizität können, — so wenig wir
auch heute noch über dieses Gebiet Bescheid wissen, und je mehr man sich mit
ihnen beschäftigt, um so kritischer wird man — einem Ort oder einer Gegend besondere heilende Eigenschaften verleihen. Nach allem kann kein Zweifel sein,
daß die reine Klimawirkung, der Komplexcharakter physikalisch-klimatischer
Faktoren eine wesentliche Voraussetzung des Erfolges einer Kur sind. Arbeiten
wie die von NIEMEYER (mit PAECH), die ohne schroffe klimatische Gegensätze
gute Kurerfolge bei schwächlichen Kindern erzielten, sind nicht beweisend für
den alleinigen Umweltwechsel; seine Pfleglinge waren größtenteils unterernährte
Kinder aus ärmeren Schichten, die auf jeden Reiz ansprechbar waren; die Nachwirkung der „Kuren" war auch auffallend gering. Die Erfolge der Verbringung
auf städtische Kinderabteilungen sind in solchen Fällen bekannt. Die großen er-
folgreichen Erfahrungen der österreichischen Verschickungsfürsorge (MOLL)
sprechen durchaus für eine besondere Klimawirkung unter genauer Indikationsstellung. Wenn DEGKWITZ früher betonte, daß bei Kindern in den verschiedensten
Klimaten die gleichen Erfolge zu erzielen seien, so konnten dem die verschiedensten
Autoren (siehe bei PFLEIDERER) und auch ich widersprechen und die wahren Zusammenhänge klarstellen. Vergleicht man auch die Heilanzeigen von Kurorten,
die an sich in demselben Klimabereich liegen, so decken sie sich durchaus nicht.
Ich kenne Nervöse, die das Klima von Sylt nicht vertragen, auf Föhr gut reagieren;
die Indikationen der Ostseebäder sind durchaus nicht immer gleich. STROOMANN
hat 1931 kurz über seine Erfahrungen im Mittelgebirge berichtet. Die seinigen
entsprachen vielfach, aber nicht immer, so z. B. beim Bronchialasthma, den
meinigen. Ich komme auch vielfach zu anderen Ergebnissen als VAN OORDT. Es
erscheint mir sicher, daß örtliche klimatische Einflüsse weitgehend diese Unterschiede bedingen; ich werde dies noch bei der klinischen Besprechung des Bronchialasthmas belegen. Es wurde schon in den historischen Ausführungen darauf
hingewiesen, daß die Mineralbäder auch auf klimatische Voraussetzungen Wert
legen müssen. BÜRGI und MÜLLER haben durch ihre bekannten schönen experimentellen Untersuchungen an Eisenquellen und Höhenklima das ineinander-
greifende Wirken der einzelnen Heilmittel gezeigt. VOGT vor allem hat sehr eindrucksvoll betont, wie die *Gesamtumstimmung durch die Kur* das *Ergebnis des Zu-*
sammenspiels vieler Kräfte ist. Eine Kohlensäurebäderkur in St. Moritz ist deshalb etwas ganz anderes als eine solche in Bad Nauheim; es ist etwas ganz anderes,

ob der Magenkranke in Bad Homburg oder in Bad Kissingen seine Trinkkur macht oder in dem Hochgebirgsklima von Schuls-Tarasp. Ist die Klimaheilkunde einmal so weit, daß sie bei sonst gleichen therapeutischen usw. Voraussetzungen die örtlichen Heilanzeigen und klimatischen Eigentümlichkeiten jeweilig kennt, so ergeben sich aus dem Vergleich der sich deckenden und nicht deckenden Anzeigen und Gegenanzeigen mit klimatischen Besonderheiten Hinweise darauf, welche Klimaeigenschaften therapeutisch günstig oder nachteilig wirken.

Die strenge Betonung des Grundsatzes, daß das Klima an sich ein wirksamer Heilfaktor ist, ist die *Voraussetzung der richtigen Wahl des geeigneten Kurortes* in jedem Fall. Das ist die Gefahr einer Betrachtung, die in der Kur nur eine Alltagsruhe mit Milieuwechsel und Ablenkung sieht, vielleicht ergänzt durch zweckentsprechende ärztliche Behandlung, daß sie die durch entsprechende Klimawahl mögliche Reizdosierung übersieht. In früheren Zeiten wurden die Kurorte hauptsächlich von wenigen vermögenden Kreisen aufgesucht; die Ärzte dieser praxis aurea, das muß anerkannt werden, besaßen häufig aus eigenem Studium eine vorzügliche Kenntnis der wertvollen Kurorte ihrer Zeit. Im nationalsozialistischen dritten Reich sollen die deutschen Bäder und Kurorte der Gesundbrunnen des ganzen deutschen Volkes sein. Der großzügige Aufbau des Netzes von ärztlich geleiteten Heilanstalten und mannigfachen Erholungsheimen der Versicherungsträger bedeutet die Investierung eines beträchtlichen Volksvermögens. Das bedeutet aber auch die Verpflichtung einer sorgfältigen Indikationsstellung im Einzelfalle, für den Arzt oft eine große Verantwortung. Besteht also die Überzeugung, daß Bade- und Klimakuren wertvolle Heilmittel sind, so muß alles geschehen, eine richtige und klare Indikationsstellung in jedem Einzelfall zu erhalten, so wie sie auch sonst das Ziel klinischer Medizin ist. Weiter tritt neben die Auswahl des richtigen Kurortes usw. als zweite Aufgabe die *planmäßige Dosierung der balneo-klimatischen Reize.* Balneologische Fragen sollen hier nicht angeschnitten werden.

Einer rund *fünfzehnjährigen praktischen Tätigkeit in einem heilklimatischen Kurort,* wobei es mir möglich war, neben einer ambulanten Praxis *7120 Kranke* laufend *klinisch zu beobachten* und zu behandeln, und einer fast ebenso langen wissenschaftlichen Beschäftigung mit allen Fragen der Bioklimatologie verdanken diese Zeilen in Fortsetzung und Ausbau zahlreicher früherer Untersuchungen ihre Entstehung[1]. Meine klinisch-interne Schulung einerseits und mein Bestreben anderseits, die klimatologische Wissenschaft nicht nur ortsgebunden zu betreiben, ermöglichen, daß meine heilklimatischen Erwägungen und Folgerungen nicht nur für einen Kurort oder eine bestimmte Gegend zugeschnitten erscheinen. Des problematischen und fragmentarischen Charakters vieler meiner Gedanken und Feststellungen bin ich mir bewußt; eine so junge Wissenschaft wie die Klimaheilkunde kann aber auch die kleinsten Bausteine nicht entbehren, wenn sie nur kritisch eingefügt werden. Während die meisten klimatologischen Beobachtungen der jüngsten Zeit an Kindern gewonnen wurden (mit Ausnahme der Erfahrungen in der klimatischen Behandlung der Tuberkulose), habe ich fast ausschließlich

---

[1] Der Verfasser ist Herrn Prof. Dr. H. Vogt, Direktor der Reichsanstalt für das deutsche Bäderwesen an der Universität Breslau, für mannigfache reiche Förderung seiner wissenschaftlichen Bestrebungen zu besonderem Dank verpflichtet.

Erwachsene untersucht. Sind auch hier die Beobachtungen oft schwerer zu deuten, so sind die gewonnenen Ergebnisse dann für die Praxis besonders wertvoll.

Die Schwierigkeiten der experimentellen menschlichen Klimatologie wurden schon erwähnt. Wie in der Meteoropathologie, so ist auch bis heute eine exakte Massenstatistik in der praktischen Klimaheilkunde schlecht zu verwenden. Vorerst wenigstens. Wird es einmal gelingen, ein wirklich größeres Krankengut planmäßig jahrelang nach einheitlichen Gesichtspunkten von klimatisch geschulten Ärzten klimatisch beobachten und behandeln zu lassen, so wird die Statistik sicher mit großem Erfolg eingeschaltet werden können. *Heute* kann auch *für die praktische Klimaheilkunde* nur die *individuelle Statistik* ohne mathematische Bearbeitung als *Grundlage* gelten, wie sie REITER als die einer planenden Gesundheitsführung überhaupt gefordert hat. Die Auswertung meines klinischen Beobachtungsguts ist im Sinne der individuellen Statistik erfolgt. Jeder einzelne Kranke, der in einen Kurort zur klimatischen Behandlung geschickt wird, muß in seiner Reaktion auf das Klima und die Kur im Rahmen seiner ganzen Persönlichkeit und seiner Lebensgestaltung usw. gesehen werden, das Klima selbst aber in der Wandelbarkeit seiner Einzelfaktoren und ihrer jeweiligen Einwirkungsmöglichkeiten. Wenn Heilklima und Krankheit im einzelnen Fall feststehende Begriffe wären, so würde nur das Zusammentreffen zweier an sich homogener Größen zu prüfen sein. In Wirklichkeit wird das örtliche Klima weitgehend beeinflußt von Jahreszeiten und Witterung; die Heilwirkung des klimatischen Kurortes hängt neben der Beschaffenheit der variablen Klimagrößen ab von den Einrichtungen des Kurortes mit seiner örtlichen Tradition, den Möglichkeiten zur Durchführung der Freiluftbehandlung, dem „sozialen Milieu" (VON PHILIPSBORN), den Heilstätten und der allgemein-ärztlichen, spezialistischen und klimatischen Erfahrung der Kurärzte. Anderseits suchen den Kurort nicht Krankheiten auf, sondern kranke Menschen, die auf ihn nicht nur nach ihren Krankheiten, sondern im einzelnen gar nicht abgrenzbar nach Konstitution, Lebensalter, Psyche, Heimatklima, Domestikation oder Abhärtung reagieren. Die Kenntnis des Krankheitsverlaufs bei ambulanten Kurgästen und bei der ortsansässigen Bevölkerung ist zum Vergleich wichtig; die Ärzte der klimatischen Kuranstalten sollten deshalb stets auch zumindestens Sprechstundenpraxis treiben, was sie aber im allgemeinen nicht dürfen oder nicht wollen.

Wo wir es können, werden wir versuchen, die jeweiligen klimatischen Bedingungen, die auf den individuell zu betrachtenden Kranken einwirken, einzeln zu analysieren. *Neben die exakte klinisch-ärztliche Beobachtung tritt die örtliche Klimabeobachtung* (nach den mustergültigen Richtlinien des Reichswetterdienstes) *und die jeweilige Analyse der klimatischen Einzelfaktoren in ihrem Wirkungsmechanismus auf den Organismus.* Persönlich bin ich so vorgegangen, daß ich zunächst 1927 an unsere Krankenanstalt eine klimatologische Wetterbeobachtungsstation üblicher Einrichtung anschloß. Später wurden die Aufgaben erweitert. Mit zahlreichen Mitarbeitern (u. a. Dr. phil. nat. L. SCHULZ, Dr. phil. nat. H. LANDSBERG, Dr. phil. nat. W. KUHNKE, cand. med. H. J. BANSA, cand. med. H. PRZEMECK, cand. med. G. LÖSCHNER) wurden die Zusammenhänge Orts- und Lokalklima und Patient untersucht. Die jüngste bioklimatische Forschung hatte die oft weitgehenden lokalklimatischen Unterschiede selbst in dem engen Bezirk eines Kurortes gezeigt; in ziemlich losem Zusammenhang mit der Meteorologie hatte die Hygiene versucht, das Raumklima zu erforschen. Der Kranke lebt ja auch im Kurort nicht nur im Außenklima, das man mit der meteorologischen Beobachtungsstation zu erfassen sucht, sondern er verbringt auch sehr wesentliche Teile des Tages entweder in einem abgeschwächten Außenklima, das z. B. als Freiluftbalkon oder Liegehalle auch als ausgesprochenes Kurklima zu gelten hat oder in anderen durch Lüftung usw. auch mit der Außenwelt in Verbindung stehenden Räumen. Einmal einen *Querschnitt durch die Gesamtheit der verschiedenen lokalklimatischen Einflüsse*, denen der Kurgast unterliegt, zu erhalten, erschien mir wichtig. Die bei diesen Untersuchungen gewonnenen Ergebnisse sollen, soweit sie noch nicht früher gebracht werden konnten, am Schluß dieser Arbeit in ihrer heilklimatischen Bedeutung skizziert werden; ihre ausführliche Wiedergabe und Auswertung muß auf eine spätere Zeit verschoben werden.

Der Bonner Kliniker PAUL MARTINI hat verschiedentlich so eindringlich wie kein anderer die *Grundlagen einer exakten therapeutischen Forschung* betont. Die Analyse des therapeutischen Erfolgs kann nicht vorsichtig und kritisch genug sein. Wie weit kann die Klimaheilkunde im einzelnen den MARTINIschen Forderungen gerecht werden? Die von MARTINI geforderte *Vorbeobachtung*, nur möglich bei chronischen Krankheiten, die gerade die Objekte klimatischer Behandlung sein sollen, geschieht gewöhnlich zu Hause; in den Kurort kommen gerade die Kranken, die in anderem Klima keine Fortschritte machen. Tritt dann die Besserung ein, so ist die Kurortwirkung als die heilende sehr wahrscheinlich; welcher Faktor dieser komplexen Größe entscheidend war, wäre dann immer noch zu analysieren. Bei der Beurteilung der eigentlichen physikalischen Klimawirkung ist auch noch eins zu bedenken: nach der Bäder- und Klimakur gibt es noch eine „*Nachreaktion*", der Erfolg tritt erst zu Hause ein. HELLPACH geht sogar so weit zu sagen, die Reaktion „höchst mäßiges, ja untermäßiges Befinden an Ort und Stelle, glänzendes Ergebnis als Nachwirkung" — und solche Beobachtungen sind mir auch wohlbekannt — sei günstiger als jene umgekehrte, die mit einem übermäßigen Wohlbefinden an Ort und Stelle einsetzt. Die physikalische Klimawirkung läuft als eine den Organismus umstimmende unspezifische Heilmethode oft sehr langsam an, und die Wirkung zeigt sich deshalb oft erst spät. Auch sonst in der Therapie fallen die heilende Behandlung und die Heilung selbst nicht immer zusammen; die Bedeutung der Vorbeobachtung erfährt so eine Einschränkung. Die Gewinnung statistischer Unterlagen (Wahrscheinlichkeitsrechnung), wie sie MARTINI fordert, ist in der Klimaheilkunde, wie erwähnt, heute noch nicht möglich, für die Zukunft müßte sie zu organisieren sein. In der Meteoropathologie entsprechen die meisten Arbeiten nicht einer exakt fundierten Statistik (dazu vgl. die Arbeiten von BAUR, DE RUDDER). Die Klimabehandlung wäre weiter durch ein alternierendes Vorgehen zu überprüfen; dieses könnte aber nur durch die Heimatärzte geschehen. Im Kurort selbst sieht man nicht selten den sich zufällig ergebenden Vergleich, wenigstens für die Anwendung bestimmter Behandlungsmethoden, zwischen den Kranken, die frei (ambulant) ihre Kur ausführen oder im Sanatorium behandelt werden (z. B. Erfolg der planmäßigen Liegekur). In der geschlossenen Behandlung, im Kurheim oder Sanatorium ist vor allem auch das ganze seelische Milieu, der „Geist des Hauses" ein heilender Faktor. Am schwierigsten sind in der Erfolgsbeurteilung der eigentlichen physikalischen Klimatherapie die schon eingehend aufgeführten therapeutischen Mitursachen zu isolieren. MARTINI bringt sehr anschauliche Beispiele dafür, wie auch bei anderen Behandlungsmethoden oft eine unbeachtete Mitursache die therapeutische Entscheidung bringt. Im Kurort können wir nie nur *ein* Heilmittel anwenden; die Behandlung muß naturgemäß polypragmatisch sein. HELLPACH spricht in sorgfältiger Abwägung der seelischen Faktoren, die man als die „geopsychischen" ansprechen kann, davon, daß in den „Sommerfrischen" auf die Landschaft ein volles Drittel des Anteils der Erholungskraft entfällt. In der Kur*kranken*behandlung verkleinert sich dieser Prozentsatz sicher. In die Beurteilung des Heilwerts einer klimatischen Kur wird jedenfalls das Psychische einzurechnen sein. Der Erfahrene lernt bald, den psychologischen Faktor abzugrenzen und wird sich durch ihn nicht verwirren lassen. Ich habe noch nie gehört, daß jemand bei Überprüfung einer klinischen Therapie im Krankenhaus die psychische Reaktion des Kranken auf die andere Umgebung eingerechnet hätte. Abgesehen davon, daß das Ortsklima, das „spezifische" Heilklima ständig durch unsere klimatischen Verordnungen „spezifiziert" wird, sind wir ja helfende Ärzte, die auch handeln müssen; der Kranke im Kurort hat zwar während seines Aufenthalts für die Therapie immer Zeit, aber es stehen ihm nur begrenzte Wochen zur Verfügung, die er oder seine Kostenträger uns ständig vorrechnen. Es ist laienhafte Naivität, vom Kurarzt nur die örtlichen Heilmittel in seiner Therapie zu verlangen. Den einen Kranken mit einem Herzmuskelschaden heilt das örtliche Klima, das in reinerer Luft zu starke thermische Belastungen vom Organismus fernhält und so den Kreislauf entlastet. Die ergänzende klimatische Therapie, dosiertes Gehen und Freiluftliegekuren, genügen. Bei dem anderen müssen wir salzlose Kost verordnen, Strophanthin spritzen; bei dem Erfolg fragen wir uns dann nach Haupt- und Mitursachen. Ich sehe meine wesentliche Aufgabe mit darin, diese *Mitursachen in der klimatischen Therapie* unter Heranziehung aller klinischen Hilfsmittel im folgenden herauszuarbeiten. Eine sorgfältig ausgewählte, kritische Kasuistik hilft hierzu am besten.

IV. Eigene Erfahrungen und Erwägungen bei der intern-klimatischen Behandlung einzelner Krankheiten im Kurort.

Es ist hier eine allgemeine Darstellung der klimatischen Behandlung der einzelnen Krankheiten und der Anwendung der einzelnen Klimate oder der einzelnen heilklimatischen Verordnungen nicht beabsichtigt. *Auf Grund der eigenen Erfahrung* wird vielmehr *die klimatische Behandlung, ihre Voraussetzungen, ihre Durchführbarkeit und ihr Erfolg bei dem jeweiligen Krankheitsbild* gezeigt. Das selbst beobachtete Krankheitsgut ist Grundlage der therapeutischen Abschnitte; wird das Schrifttum ergänzend benutzt, so ist es als solches gekennzeichnet. Es bedeutet kein Überschreiten des vorgenommenen Planes, wenn in die Darstellung auch beschränkt Allgemeintherapeutisches eingefügt ist, denn die Klimaheilkunde kann nie von dem allgemein ärztlichen Handeln losgelöst werden. Aus der zusammenfassenden Betrachtung klinischer Beobachtung und bioklimatischer Methodik lassen sich dann, wenn die im ersten Teil von mir ausführlich besprochenen und herausgearbeiteten, für die Klimaheilkunde gültigen Voraussetzungen beachtet werden, für die allgemeine Patho- und Therapoklimatik die entsprechenden Folgerungen ableiten. Die gebrachten kasuistischen Beiträge[1] sollen weniger als interessante Erfahrungen gewertet werden, sondern herausgegriffen aus zahlreichen Einzelbeobachtungen dienen sie vielmehr als lehrreiche Beispiele anthropo-bioklimatischen Geschehens; sie sollen zeigen, wie Irrtümer in der klimatischen Behandlung vermieden werden können und wo die Grenzen dieser Therapie sich finden. Aus dem örtlich gesammelten Gut ergeben sich mutatis mutandis Folgerungen für die gesamte Klimatotherapie.

Königstein im Taunus ist ein heilklimatischer Kurort (seine klimatischen Eigenschaften im einzelnen vgl. AMELUNG). Die Anstalt und die meteorologische Beobachtungsstation liegen am Westhang etwa 10 m über einem Nord-Süd verlaufenden Tal, dem Reichenbachtal, das in eine flache Talmulde mündet, in welcher das Zentrum des Ortes sich befindet. Der Einzug des Tales ist von Nordwest aus Richtung des Kleinen Feldbergs, die Tallänge bis zur Station ist rund 3 km. In rund 4 km Entfernung streicht von SW nach NO der Kamm des Hochtaunus, so daß Königstein eine ausgesprochene Südhanglage im Lee des Gebirges hat. Der Ort selbst besitzt nicht die Nachteile einer Kessellage, weil stagnierende und kalte Inversionsschichten durch andere Täler abfließen können. Schon Anstalts- und Stationslage lassen für die praktische Heilklimakunde zwei wichtige Gesetze erkennen, die leicht verkannt werden. Erstens die Höhenlage[2] von 430 m ü. NN erscheint absolut nicht wesentlich. *Bei der Beurteilung des Kurwertes eines Gebirgsortes* ist aber *nicht nur die absolute* barometrische *Höhenlage ausschlaggebend.* Die Luftdruckerniedrigung wird wahrscheinlich überhaupt erst in Höhen von über 1000 m biologisch bedeutungsvoll (LINKE); die biologische Bedeutung der Meereshöhe ist weniger in der Luftdruckwirkung begründet, als in der Kombination mit anderen meteorologischen Faktoren, die durch die Lage der Höhen oberhalb stagnierenden Inversionsschichten in der Ebene bedingt sind. Daß der Luftdruck ein Element ist, das den menschlichen Organismus nur in sehr großen Abstufungen wesentlich beeinflussen kann, geht auch aus folgenden Hinweisen (nach CONRAD und nach DORNO) hervor: Liegt z. B. ein Ort 800, der zweite 1000 m hoch, so wird der mittlere Druck unten 690, der Druck am oberen Ort 673 mm sein. Die mittlere Luftdruckschwankung durch das Wetter bedingt beträgt 20 mm. Es kann also bei zyklonaler Wetterlage der Druck am unteren Ort unter den Mitteldruck des oberen fallen, bei antizyklonaler aber der Druck am oberen Ort höher sein als der des unteren Ortes. In Davos z. B. liegt der mittlere Luftdruck im Sommer 10 mm höher als im Winter, so daß also Davos im Sommer eigentlich rund 150 m niedriger läge. *Viel wichtiger* ist *die relative Höhe eines Ortes* über dem Flachland als seine absolute Höhe (LINKE). Die relative Höhe ist auch in Verhältnis zu setzen zu dem höchsten Punkt des Gebirges, der Kammhöhe. Diese „Lage unter dem Kamm", die in ihrer Meereshöhe in den einzelnen

---

[1] Auch die einzelne Krankengeschichte kann viel geben; sagt doch VON BERGMANN: „Unser bester klinischer Lehrmeister scheint mir oft nicht die so vieldeutige zielstrebige Statistik, wegen der enormen Fehlerquellen für klinische Fragen, sondern die lehrreiche Anekdote des Einzelfalls."

[2] Einige kurärztliche Arbeiten aus jüngster Zeit sprechen von „mittleren Höhen" und meinen das Mittelgebirge; die übliche bioklimatische Nomenklatur versteht aber unter „mittleren Höhenlagen" Höhen von etwa 1200 bis 2000 m. Man sollte auch das vieldeutige Wort „Höhenklima" vermeiden und vielmehr unterscheiden Mittelgebirge, Hochgebirge, subalpine Lagen usw. Über 2000 m ist kein Kurgebiet mehr.

Mittelgebirgen sehr schwankt und reine Höhenvergleiche nicht empfiehlt, bringt es mit sich, daß die meisten klimatischen Kurorte vorwiegend auf der mittleren Höhe ihres Gebirges liegen (AMELUNG). Osthang und Westhang erhalten im Kurort zwar gleich viel Sonne. Die Sonnenstunden, die der Westhang am Morgen durch die lokalklimatischen Gegebenheiten verliert, weil er dann noch im Sonnenschatten liegt, gewinnt er am Abend, wenn der Osthang schon sonnenlos ist, und umgekehrt. Der Westhang ist therapeutisch wertvoller. Einmal ist der Osthang kühler, denn die Morgensonne verliert bei der Überwindung des Taus calorische Intensitäten und wärmt dann kaum. Zweitens gehen bei der üblichen Einteilung des Kurtages, der zudem durch die andere (ärztliche, Hydrotherapie) Behandlung einen Teil des Vormittags im geschlossenen Raum verbraucht, die ersten Morgenstunden für die Freiluftbehandlung im Gegensatz zu Abend sowieso verloren, die verlängerte Sonneneinstrahlung am Abend bedeutet aber verlängerten Freiluftgenuß.

a) Bronchialasthma.

Die *Kurortbehandlung* einer in ihrer Genese so vieldeutigen, in ihrem Verlauf stets unberechenbaren Krankheit wie des *Asthma bronchiale* (A. b.) bedarf in ihrer Erfolgsbeurteilung besonderer Zurückhaltung (vgl. auch AMELUNG: Die Bedingungen der klimatischen Beeinflussung des Asthma bronchiale im Mittelgebirge). Anderseits ist hier die Mitwirkung anderer therapeutischer Maßnahmen leicht abzugrenzen; der Verbrauch an Medikamenten ist geradezu ein Maßstab für die Schwere der Anfälle. Sonstige Behandlung, Diät usw. sind nicht ausschlaggebend, und das Versagen der modernen Psychotherapie beim echten A. b. sollte davor bewahren, das Psychische hier zu überschätzen. Die klimatische Behandlung des A. b. hat im einzelnen folgende Aufgaben: 1. *Fernhaltung oder Verringerung der Allergene. 2. Umstimmung des Gesamtorganismus. 3. Abschwächung bestimmter meteorologischer Wetterlagen. 4. Ausheilung von Begleitschäden und Abhärtung.* Das Wesentliche ist die Beeinflussung des ganzen Menschen. Für die klimatische Behandlung des A. b. können örtliche klimatische Einflüsse ausschlaggebend sein. Die Erfahrungen bei A. b. zeigen mit Deutlichkeit, daß die an einem Kurort gesammelten Erfahrungen nicht auf einen anderen generell übertragen werden dürfen, daß z. B. Mittelgebirgskurort nicht gleich Mittelgebirgskurort ist. Einige Ostseebäder wirken z. B. ausgezeichnet auf Asthmatiker, andere schlecht (CURSCHMANN; WASSMUND; *eigene* Beobachtungen aus Niendorf). STROOMANNs Mißerfolge beim Bronchialasthma stehen im Gegensatz zu meinen günstigen Erfahrungen. Obwohl der Westschwarzwald (ZIPPERLEN) als asthmaarm gilt, scheint die ausgesprochen feuchte Kammlage der Bühlerhöhe im Luv des Gebirges gegenüber unserer Südhanglage im Lee des Taunus bei A. b. wirksamen klimatischen Unterschied zu bedingen, wobei offen gelassen sei, wieweit geologische Unterschiede oder noch unbekannte klimatische Faktoren dabei wichtig sind. Die klimatische Heilwirkung der Mittelgebirge spricht auch gegen eine Überschätzung der Allergene in der Genese des A. b.; das Mittelgebirge ist bestimmt nicht allergenfrei. Selbstverständlich ist die Luftreinheit eines Ortes bedeutungsvoll.

Bei jedem asthmatischen Neuankömmling, besonders bei älteren Menschen, ist *vor Beginn der klimatischen Behandlung* das Vorliegen einer *Kreislaufinsuffi-*

zienz auszuschließen (Strophanthin; salzlose Kost diagnostisch entscheidend). Ein angeblich in der Heimat intakter Kreislauf darf hier nicht irreführen; die Anstrengungen der Reise, für die der Asthmatiker besonders empfindlich ist, lassen den bisher latenten Herzschaden manifest werden, und ich sah nicht selten an den ersten Tagen im circulus vitiosus eine Verschlimmerung durch Verstärkung der echten asthmatischen Komponente und der hinzutretenden Herz-Kreislaufinsuffizienz.

Bedrohliche Bilder muß man kennen: 57jährige Patientin (Aufnahme Nr. 435/1937), sekundäres Bronchialasthma (katarrhalisches nach SEELIGER) nach fieberhaftem Infekt vor 3 Monaten; Überführung in Anstalt durch 3stündige Autofahrt. Hausarzt hielt Herz-Gefäße für gesund. Bei Aufnahme intakter Kreislauf; geblähte Lunge mit Giemen und Brummen; sofortige Bettruhe. 4 Stunden später plötzlich schwerster, lebensbedrohender Kreislaufkollaps mit beginnendem Lungenödem, der nach üblicher Behandlung abklingt. — 34jährige Frau (Aufnahme Nr. 176/1936). Nach Vorbericht Asthma bronchiale nach Bronchitis mit bronchopneumonischen Herden; Katarrh noch nicht ausgeheilt, Überempfindlichkeitsreaktionen bei Testung; Kollapsneigung. Aufnahme nach etwa 6stündigem Autotransport in einem Zustand schwerster Kreislaufschwäche mit wiederholten bis zur Ohnmacht führenden Kollapsen; dieser Zustand klingt erst nach 2 Tagen unter intensivster Kreislaufbehandlung bis zur intravenösen Dauerinfusion ab.

Abgesehen von dieser kardial bedingten Zustandsveränderung ist unter Umständen mit einer Verschlimmerung des A. b. an sich als Ausdruck einer Klimareaktion zu rechnen. Gerade beim A. b. sieht man bisweilen, daß *in den ersten Tagen das Befinden schlechter* wird, auch wenn Psyche und Wetterlagen in ihren Einflußmöglichkeiten auszuschalten sind; ich pflege, um Enttäuschungen zu vermeiden, auf diese Möglichkeiten den Patienten sofort nach Ankunft hinzuweisen. Wahrscheinlich bedeutet die sofortige vermehrte Frischluftzufuhr, die der Asthmatiker natürlich in seiner Atembehinderung ersehnt und gewöhnlich erhält, eine Reizsteigerung, auf die die weniger ausgeglichene Reaktionslage des Kranken zunächst negativ reagieren kann. Man kann bei der Aufnahme nicht voraussagen, wann die erwartete Besserung eintritt. Aber die Verschlechterung sah ich nur selten länger als 3—4 Tage dauern. Bei der Mehrzahl der Fälle dauert der stationäre Zustand etwa 10 Tage bis zu einer sichtlichen Besserung. *Häufig* tritt aber mit Orts- und Klimawechsel eine *schlagartige Besserung* ein; ich kenne Frankfurter Asthmatiker, die in Königstein sofort ihre asthmatische Situation beseitigen können. Auch schwerste Fälle von Status asthmaticus klingen bisweilen augenblicklich ab. Man muß sich aber stets erinnern, daß die Beseitigung der akuten Reaktionslage noch keine Ausheilung bedeutet. Trotzdem sollte in der qualvollen Situation des Dauerasthmas diese Verlegung des Kranken in einen geeigneten heilklimatischen Kurort stets versucht werden; leider verhindert auch heute noch der Mangel an Organisation die Durchführung sofortigen Ortswechsels bei den meisten Sozialversicherten, so daß i. a. nur Begüterte davon Gebrauch machen können. Die Verbringung in eine *Klimakammer* ist sicher unter Umständen ein Ersatz des Klimawechsels (Über den Wert der künstlichen klimatischen Behandlung vgl. AMELUNG: Das *künstliche Klima*), versagt aber nicht selten sofort oder auf die Dauer in Fällen, in denen das natürliche Klima den Umschwung bedeutet.

73jähriger Patient (Aufnahme Nr. 337/1939). 3 Wochen vor Aufnahme in Königstein im Anschluß an allergische Conjunctivitis und Heuschnupfen schwerer nächtlicher Anfall von A. b.; Testung ergibt Überempfindlichkeit gegen Staub und Hundehaare. $3^{1}/_{2}$tägiger Aufenthalt in allergenfreier Kammer verschlechterte den Zustand erheblich; bei Klinikaufenthalt zuletzt außer Perphyllon, Puraeton, Felsol usw. täglich durchschnittlich 8—10 Ampullen Asthmolysin neben Strophanthin und Exzitantien. Bei Aufnahme in Königstein schwerster Status asthmaticus; Eosinophilie von 7%. Innerhalb der nächsten 24 Stunden, während derer nur noch 3 Ampullen Asthmolysin nötig sind, fast restloses Verschwinden der asthmatischen Erscheinungen. Emphysematöse Beschwerden und eine nervöse Übererregbarkeit bleiben noch längere Zeit zurück. Einige Monate später nach Herzschwäche erneute schwere asthmatische Erscheinungen.

In anderen Fällen sah ich den *Status asthmaticus* erst nach 2—3 Tagen abklingen. Im Schrifttum wird angegeben, daß die *Dauerprognose um so besser* sei, *je früher* die *klimatische Behandlung* einsetze. Um eine Dauerheilung zu erreichen, ist das bestimmt richtig. Jedoch sind viele der Kranken, die in den Kurort kommen, alte Asthmatiker, nach Dauer der Krankheit und Lebensalter; Dauererfolge und endgültige Heilung kann man dann kaum noch erwarten. Wenn aber bei solchen Patienten, die, wie ich sie sah, seit 44, 46 oder gar 50 Jahren an Asthma leiden, die klimatische Kur nicht nur die Herzkraft bessert und lästige Begleitkatarrhe abheilen läßt, sondern auch die Zahl der Anfälle sichtlich verringert (willkürliches Beispiel: [Aufnahme Nr. 282/1925]. 52 Jahre, seit 11 Jahren Asthma, im letzten Jahr fast jede Nacht Anfall; 4 Wochen Herzbad ohne Erfolg; während klimatischer Kur ganz vereinzelt Anfälle; zu Hause noch nach $^1/_2$ Jahr wesentlich besseres Befinden als früher), so ist viel gewonnen. Tritt nach 2 bis 3 Wochen (bei gewissen Wetterlagen muß man länger Geduld haben) kein wesentlicher Erfolg ein, verweise man den Kranken in einen Kurort mit anderem Klima. Unser Austausch mit Bad Soden und Bad Ems hat sich bewährt. Bei Asthmatikern, die im Mittelgebirge beheimatet sind, ist die Nordseeküste (Sylt) empfehlenswerter als das Hochgebirge. In einem sonst sehr dankenswerten und interessanten therapeutischen Bericht „Selbsterlebtes über Asthma bronchiale", meint 1940 H. Dörfler „über Klimakuren und Seeluft und Gebirgsaufenthalt ist es heute ganz still geworden", der Verf. scheint zu dieser einzigartigen Ablehnung durch den negativen Erfolg des Aufenthalts im subalpinen Oberbayern, das er wegen nervöser Störungen verließ, gekommen zu sein. Bei Asthmakranken, die langsamer auf das Heilklima ansprechen, erscheint mir der Dauererfolg sicherer. Sieht man den Erfolg, so ist die *örtliche klimatische Behandlung mindestens 8 Wochen* fortzusetzen. Rückbildung des echten Asthmas und der Begleitkatarrhe gehen nicht immer parallel. Die häufig erzielte Besserung des Allgemeinbefindens, erhebliche Gewichtszunahmen und psychische Entspannung sind hervorzuheben. Diese *Umstimmung des Gesamtorganismus* ist besonders wichtig. Der Besserung entspricht nicht immer der Rückgang der *Eosinophilie*; die Rückbildung der Eosinophilie bei noch unverändertem Krankheitsbild ist prognostisch günstig. Nach Stäubli stellt im Hochgebirge die Bluteosinophilie sich langsam auf niedrigere Werte ein, kehrt aber doch nicht ganz zur Norm zurück. Bei der Beurteilung der Eosinophilenkurven ist zu beachten, daß diese sich jahreszeitlich ändern (de Rudder). Bei einer Dauereosinophilie bei klinischer Besserung gebe ich prophylaktisch Ephetonin. Bei rund 200 genügend beobachteten Asthmatikern sah ich bei etwa zwei Dutzend glatte Mißerfolge unserer klimatischen Therapie, während bei einem Drittel der Fälle Dauererfolge eintraten, wobei zu bedenken ist, daß uns manche Kranke als ultimum refugium aufsuchten. Drei Kranke starben an der mitgebrachten Kreislaufschwäche in den ersten Tagen.

Einige Male war bei psychisch verkrampften, klimakterischen, in zerrütteten Ehen oder anderen ungünstigen äußeren Situationen lebenden Frauen kein Gesundheitswillen vorhanden. Eine Alkaloid- oder allgemeine Spritzensucht verhindert auch die Ausheilung. Als Kuriosum sei mitgeteilt, daß das klimatisch sichtlich gebesserte (vorwiegend spastische) Asthma beim Auftreten eines Mammacarcinoms verschwand. Eine *Bronchiolitis* ist stets eine sehr undankbare Komplikation; mehreren solcher Kranken hatte auch langer Hochgebirgsaufenthalt keinen Erfolg gebracht. Nach DEGKWITZ und nach VOGT soll bei Kindern eine Kur so lange dauern, daß eine tiefgreifende Umstimmung des Organismus eintritt, und ein Jahr wird als Mindesttermin angesehen. Solche zeitlichen Forderungen wird man bei Erwachsenen kaum durchdrücken können. DIENER und SEELIGER (Richtlinien für die Entsendung von Katarrh- und Asthmakranken in Kurorte) begnügen sich mit dem Rat, die Kur auf 5—6 Wochen auszudehnen. Bei *hartnäckigen Fällen*, bei denen die üblichen klimatischen Kuren in einem bestimmten Ort Erfolg, aber nicht dauernden haben, empfiehlt es sich, für einige Jahre den *Wohnsitz* in eine solche individuell erprobte Gegend zu *verlegen*. Dann sah ich wiederholt das Gesundwerden schwer chronischer Asthmatiker, die auch später in anderen Klimaten gesund blieben. (CURSCHMANN hat über die Organisation solcher Umsiedlung bemerkenswerte Mitteilungen gemacht.) Der Wohnsitzwechsel des berufstätigen Asthmatikers kann vorübergehende Verschlimmerungen mit sich bringen, für die ersten Monate tun Asthmatiker dann gut daran, keine Reisen zu machen. So berechtigt auch die Forderung ist, die Behandlung des A. b. so früh wie möglich zu beginnen, so sollte man auch bei den nach Lebensalter und Dauer der Krankheit alten Asthmatikern nicht resignieren. In solchen Fällen ist eine klimatische Polypragmasie am Platze: Asthmaheilbad mit entsprechender balneologischer Behandlung, Gebirge und Nordseemeeresküste in wechselseitigem Turnus; auch die Klimakammerbehandlung sollte man dann einschieben, wenn die Kranken ihren Wohnort nicht verlassen können. Auch *am Heimatort* sollte nicht nur die übliche Testung nach bestimmten Allergenen wie Katzenhaaren durchgeführt werden; viel wichtiger ist es, den bioklimatischen Rat über das *günstigste Lokalklima* einzuholen und dorthin die *Wohnung des Kranken zu verlegen*.

Die klimatische Kurortbehandlung muß auch die starke *Wetterempfindlichkeit der Asthmatiker* in Rechnung stellen. Asthmatiker reagieren einmal auf Schlechtwetterlagen, feuchte Luft und Nebel mit vermehrten katarrhalischen Erscheinungen und Atemerschwerungen, während die eigentlichen Anfälle besonders durch schlagartig einsetzende Änderungen des Wetters (Sturm mit Schneeböen und plötzliche starke Regenfälle, Gewitter) ausgelöst werden. Die Beachtung der Wetterempfindlichkeit des Astmatikers kann differentialdiagnostisch wertvoll sein.

29jährige Patientin (Aufnahme Nr. 18/1936). Neigung zu Urticaria. Zunächst wegen Erschöpfung, Gewichtsabnahme und Atemnot Verdacht auf Tuberkulose bei fehlendem Lokalbefund; spricht selbst von „asthmatischen Anfällen". Die Beobachtung auch im Kurort findet (außer einer Eosinophilie von 9%) keinen Anhalt für A. b. Bei Schneeböen plötzlich um 14 Uhr starke Atemnot; exspiratorische Dyspnoe mit Giemen und Brummen über der ganzen Lunge. Zustand hält $^1/_2$ Stunde an. Das dazu gehörende meteorologische Protokoll lautet: „die maritimen Luftmassen zeigten zunächst bei starkem Absinken föhnige Erwärmung, um 14 Uhr wurden sie unter gewitterartigen Böen von kälterer polar-maritimer Luft verdrängt".

Wie auch die sorgfältigen experimentellen Untersuchungen von PREUNER gezeigt haben, fallen gerade bei A. b. das Erscheinen des meteorologischen Faktors und die Auslösung des Anfalls weitgehend zusammen. Bei gehäuftem Frontwechsel wird man nicht immer mit Sicherheit sagen können, welcher auslösend war.

Patient bekommt nach längerer Pause Asthmaanfall um 17^{30} h. Wettersituation: Die naßkalte Mischluft wird etwa um 16^{30} h unter heftigen Windböen durch eine tropisch-maritime Strömung verdrängt, die ihrerseits im Lauf des Abends und der Nacht von kälterer maritimer, dann polar-maritimer Luft abgelöst wird.

Wir dürfen wohl hier die schweren Schneeböen als meteorotropes Agens ansprechen. Längere Schönwetterlagen können durch die Aerosoltrübung Rezidive bringen; ich sah solche mehrmals, besonders bei der katarrhalischen Form SEELIGERS. Spastiker können auch mit anderen Allergosen auf das Wetter reagieren. Bei staubreicher Hochdruckwetterlage tritt z. B. ein allergischer Schnupfen auf, der im geschlossenen Zimmer sofort abklingt; das Asthma selbst meldet sich nicht mehr. Viele Asthmatiker vertragen Sonne recht gut entgegen der landläufigen Meinung; man verhüte nur Erkältungen bei schroffem Temperaturwechsel (sonnige Veranda — kühles Zimmer). Die Asthmatiker sind stark windempfindlich, besonders gegen Nordwestwinde mit Böen; vor allem im Winter und Frühjahr lege man sie in Ostzimmer.

Die Atemgymnastik ist eines der wertvollsten Hilfsmittel der klimatischen Behandlung, vor allem bei A. b.; sie soll im Freien oder gut gelüftetem Raum durchgeführt werden.

b) Erkrankungen der oberen Luftwege und der Lunge.

Auch verschleppte *Katarrhe der oberen Luftwege und Bronchialkatarrhe heilen* nicht selten schlagartig *beim Klimawechsel* aus; Voraussetzung dazu sind nicht nur sog. Schönwetterlagen; auch bei zyklonalem Wetter selbst im November können solche akuten Besserungen eintreten. Im Gegensatz zum A. b. kann man hier energisch mit Freiluftbehandlung vorgehen. (Die Erfolge der Frischluftbehandlung zahlreicher akuter Infekte besonders im Kindesalter sind bekannt.) Wiederholt sah ich auch bei noch leicht fieberhaften postoperativen Infiltrationen ein schnelles Abklingen dieser durch Verlegung in den Kurort mit planmäßiger Freiluftliegekur. Auch bei langsam abklingenden, echten pneumonischen oder bronchopneumonischen Anschoppungen soll man nach meinen Erfahrungen frühzeitig Klimawechsel und Kur durchführen; die Krankheitsdauer wird verkürzt, und die restitutio ad integrum selbst in scheinbar aussichtslosen Fällen erreicht. Weniger prompt reagieren *Nebenhöhlenvereiterungen* auf den Klimawechsel. Diese sind aber dankbare Objekte langer klimatischer Behandlungen. Dagegen sollte man bei ernstlichen chronischen Tonsillitiden meines Erachtens mit Klimakuren wenigstens bei älteren Kindern und Erwachsenen keine Zeit versäumen. K. VOGEL rühmt zwar den günstigen Einfluß der Nordsee und des Hochgebirges auf die chronische Tonsillitis, gibt aber zu, daß die klimatischen Auswirkungen selten von langer Dauer sind. Es scheint mir auf Grund örtlicher Erfahrungen der Heilverlauf von Nasen-Rachenoperationen bei günstigen klimatischen Verhältnissen ein leichterer und das Entstehen postoperativer Anginen usw. ein selteneres zu sein. Während $^3/_4$ Jahr hatte ich jetzt Gelegenheit, fachärztliche Naseneingriffe, Tonsillektomien usw. in Königstein selbst bei den verschiedensten Witterungslagen vornehmen zu lassen. Operateur (Dr. NÜRNBERGK) und ich waren über die besonders günstigen Erfolge erstaunt. Die eingehenden Untersuchungen von UFFENORDE und GIESE hatten allgemein die Bedeutung klimatischer und meteorologischer Einflüsse auf den Verlauf postoperativer Anginen usw. gezeigt. Ein ausgeglicheneres Klima und Reinheit der Luft setzen an sich schon die Infektionsmöglichkeiten herab, und diese klimatische Tatsache muß sich gerade bei Operationen im Bereich der Hals-Nasenheilkunde auswirken, weil hier die Wundflächen besonders mit der umgebenden Luft in Verbindung stehen. Auch GRAHE (Hals-Nasenklinik des Katharinenhospitals Stuttgart) konnte durch künstlich bewetterte Räume bei seinen Kranken die postoperative Morbidität erheblich herabdrücken. Tubenkatarrhe reagieren nach meinen Erfahrungen kaum auf eine klimatische Behandlung mit nennenswertem Erfolg. Bei akuten Otitiden ist selbstverständlich ein Klimawechsel oder eine klimatische Anwendung verboten. Über klimatherapeutische Möglichkeiten bei chronischen Mittelohrerkrankungen habe ich keine Erfahrungen.

Besteht Verdacht eines noch aktiven tuberkulösen Prozesses, so sei man mit jeder klimatischen Anwendung sehr vorsichtig. Ist auch meine persönliche Erfahrung bei aktiven tuberkulösen Erkrankungen im Vergleich zu der bei nichtaktiven und nichtspezifischen gering (*die klimatische Behandlung der Tuberkulose* ist gut fundiert, besonders durch Arbeiten deutscher Phthise- und Klimaforscher wie BACMEISTER und SCHROEDER; neueste Literatur auch bei AMELUNG), so kann ich doch aus meiner Kenntnis an sorgfältig beobachteten eigenen Kranken und aus der des Schrifttums nur vor forcierter klimatischer Behandlung warnen.

Den vielfach im Schrifttum (EVERS, DIENER) niedergelegten allgemeinen Richtlinien für die Kurortbehandlung der Erkrankungen der Atemwege und der nichttuberkulösen Lungenerkrankungen kann ich sonst nichts Grundsätzliches zufügen. Nur auf die wenig beachteten Erfolge systematischer Freiluftliegekuren bei chronischen *Bronchiektasien* (bei entsprechender Herzkraft ergänzt durch Atemübungen und planmäßiges Bergsteigen) sei hingewiesen. Wenn man hier die Behandlung so konsequent und langdauernd wie bei der Tuberkulose durchführt, hat man selbst bei seit Jahrzehnten bestehenden Prozessen bisweilen überraschende Erfolge.

Einer meiner Kranken (Aufnahme Nr. 297/1927, 12/1937), der seit rund 40 Jahren, seit frühster Kindheit, an Bronchiektasien mit rezidivierenden Bronchopneumonien litt, von Kurort zu Kurort, von Autorität zu Autorität wanderte, hatte stets dann viele Monate danach ein relatives Wohlbefinden, wenn er sich zu mehrmonatlichen strengen Mittelgebirgsliegekuren gezwungen hatte. Bei einer 38 jährigen Patientin (Aufnahme Nr. 210/1937) waren vor 7 Jahren zum erstenmal zylindrische Bronchiektasien festgestellt; sie verlor Husten und Auswurf praktisch nie, reagierte stark auf jeden banalen Infekt. Eine 6 wöchige klimatische Behandlung bewirkte neben einer erheblichen Besserung des Allgemeinbefindens ein auch den nächsten Winter überdauerndes fast vollständiges Nachlassen von Husten und Auswurf. 49 jährige Patientin (Aufnahme Nr. 142/1940). Nach Grippe vor 21 Jahren Bronchiektasienbildung. Sehr intensive Behandlung an den verschiedensten Orten. Klinisch Bronchiektasienbildung mit Peribronchitis; 2 monatliche Behandlung (keine Medikamente gegen die katarrhalischen Erscheinungen); anfangs nur Bettruhe bei weitgeöffnetem Fenster und Freiluftliegekur auf Balkon (keine Sonnenbäder); in den letzten 2 Wochen auch kleine Spaziergänge. Ergebnis: Röntgenbefund unverändert. Bronchitische Geräusche über Lunge geringer geworden. Leukocyten von 10500 (bzw. 10300 nach 2 Wochen) auf 6100 zurückgegangen; Husten fast ganz, Auswurf ganz verschwunden. Subjektiv so wohl wie seit 20 Jahren nicht mehr gefühlt.

Es ist bekannt, daß *banale Infekte* in vielen *Kurorten selten* sind, oder daß sie milde verlaufen. Freilich ist z. B. für das Oberengadin behauptet worden, daß es eine Brutstätte für akute Infekte sei („the Engadine sore throat"). Aber eine sehr gründliche Studie von VON SALIS zeigt, daß Einheimische an akuten Erkältungen nicht nur seltener, sondern auch leichter erkranken. Die verhältnismäßige Häufigkeit von Anginen usw. bei Fremden beruht auf deren starker Zusammenballung in Sporthotels usw., wodurch viele Menschen mit etwaigen (aus der ganzen Welt zusammengereisten) Keimträgern in Berührung kommen, und auf mangelhafter Adaption an die anderen klimatischen Faktoren; die starken Temperaturunterschiede zwischen Sonne und Schatten sind eine starke Belastung für den Wärmehaushalt, und zu starke Sonnenexposition bringt eine Störung der normalen Abwehrkräfte. Mit diesen Ausführungen soll hier nicht die Genese der „Erkältung" aufgerollt werden, ein Problem, das um so schwieriger ist, je mehr man sich mit ihm beschäftigt (vgl. auch AMELUNG), und das nur verständlich wird, wenn man es möglichst komplex auffaßt. In den Heilstätten des Engadins, wo die klimatischen Reize ganz anders dosiert werden, sind Erkältungskrankheiten usw. nicht häufig. Die extreme Seltenheit der infektiösen Katarrhe, der Erkrankungen an Grippe, Anginen usw. in Winterkurorten betont auch STROOMANN; er sah auf Bühlerhöhe (Westschwarzwald) in 11 Jahren (bei etwa 6000 Kranken) nur eine croupöse Pneumonie. Auf Grund meiner Wahrnehmungen kann ich nur dieses relative Infektverschontsein im Gebirge betonen. Ich führe diese unsere günstigen Beobachtungen mit zurück auf die *Erzwingung eines planmäßigen Freiluftlebens* bei unseren Kranken, das auch beim Bettlägerigen bei jeglicher Witterung, von extrem kalten Tagen abgesehen, durchgeführt wird; ich verweise hier auch auf die Arbeiten von RICKMANN, und HILL schreibt: „Es ist bekannt, daß die Freiluftkur die Zahl der Infektionen erheblich herabmindert und daß dabei diesige oder neblige Atmosphäre keineswegs schädlich ist". Voraussetzung dieses Freiluftlebens ist freilich ein günstiges Großraum- und Lokalklima. Bei Einheimischen verwischt bisweilen das Berufsmilieu mit Berufsfahrten, bei Kindern das ungesunde Klassenzimmer die Beurteilung. Unter meinen Kranken sah ich nur dreimal eine sichere croupöse Pneumonie: bei einer älteren fetten Frau am Tage nach der Ankunft nach einer Autofahrt im offenen Wagen; das zweitemal am Ankunftstag, nach einer langen Reise bei ungünstiger Witterung wieder bei einer älteren Frau und dann bei einem kräftigen Mann, der hochfieberhaft, seiner Krankheit nicht bewußt, nach längerer Reise in der Anstalt ankam; er bekam einen Lungenabsceß, der u. a. unter Ultrakurzwellendurchflutung und Freiluftbehandlung ausheilte. Schwere Anginen sah ich fünfmal (schwere Psychopathin, die unzweckmäßig gekleidet bei Tauwetter herumgelaufen war; kriegsbeschädigter Morphinist, der auch sonst unsolide gelebt hatte, zunächst die Angina verheimlichte, dann eine Pneumonie mit Lungenabsceß überstand; 78jähriger Patient erkrankt in der Nacht nach Ankunft aus der Schweiz mit Schüttelfrost und schwerer Angina; in zwei weiteren Fällen war die Ursache nicht festzustellen). Auch bei den sehr seltenen schweren Erkältungskatarrhen ließ sich nie mit Sicherheit ein Zusammenhang mit Klima oder klimatischen Anwendungen (Freiluftliegekur, Luftbad und Freiluftgymnastik) nachweisen; die Sonnenschäden werden besonders besprochen. Hydrotherapeutische Anwendungen können eher Erkältungen mit sich bringen. Das akute Auftreten einer Pleuritis, sofern sie nicht die Komplikation bei Schwerkranken oder embolisch bedingt war, sah ich nur einmal bei einer Patientin, die nach einem anstrengenden Spaziergang stark durchschwitzt in Zugluft geriet, dagegen stellte ich viermal das Rezidiv eines in der Abheilung begriffenen Prozesses während der Kur fest: Einmal durch eine falsch dosierte Bestrahlung mit künstlicher Höhensonne; zweimal .bei ärztlich nicht verordneten Sonnenbädern und dann bei einer jugendlichen Patientin, die heimlich, nicht entsprechend gekleidet, bei regnerischem Wetter spazierenging. Für eine klimatische Akklimatisation ohne Erkältung ist ein zweckmäßiges Verhalten notwendig; nachteilig war besonders das Unterbrechen des Aufenthaltes mit Eisenbahnfahrten, Klimawechsel. Natürlich können wetterungewohnte Personen im Kurort, wenn sie sich sehr exponieren, unzweckmäßig kleiden (wozu bei heißer Witterung auch zu warme Kleidung gehört) und lokalklimatische Eigenheiten, wie die abendliche Abkühlung, nicht beachten, sich vorübergehend erkälten. Bei Neuangekommenen sieht man bisweilen bei naßkaltem Wetter, besonders nach Tauwetter, Aufflackern von Zahnwurzelhautentzündung, Zahnabscessen; die akuten schmerzhaften *Zahnerkrankungen* sind an sich sehr wettergebunden, eine bisher im Schrifttum noch wenig erwähnte Beobachtung. Eine eigentliche Grippeepidemie habe ich unter den Sanatoriumspatienten nie erlebt; fast alle Grippen waren eingeschleppt oder noch zu Hause oder auf der Reise erworben. Diese günstigen Beobachtungen sind sicher nicht als rein klimatogen anzusehen oder allein auf die geschickte klimatische Dosierung zurückzuführen. Auch mangelnde 'Infektionsmöglichkeiten und sofortige strenge Isolierung sind mitbeteiligt. Unzweifelhaft bieten aber gewisse günstige klimatische Lagen einen beschränkten Schutz gegen Erkältungsinfekte. Klimatische Bedingungen, die auch von Kranken gut vertragen werden, können unter Umständen einem Gesunden, für den sie fremd sind und der sich ihnen zu sehr aussetzt, schädlich werden, wie folgendes Beispiel zeigt:

Jüngere, bis dahin immer gesunde sportungewohnte Frau (Aufnahme Nr. 20/1940) kommt aus dem tropischen Klima Ecuadors nach anstrengender 24 stündiger Eisenbahnfahrt von Genua in den kalten deutschen Winter 1940 (Ankunft in Königstein 10. I. 1940); sofort viel Wintersport, versucht Ski zu lernen, große Schlittenpartien. Am 25. I. 1940 akut erkrankt mit einer schweren, von bis dahin latenten Granulomen ausgehenden Sepsis, mit anschließendem langanhaltendem Ikterus. Die Belastung des Organismus beim Übergang aus dem Tropenklima, bzw. aus dem Schonklima eines Luxusdampfers in diese winterliche außergewöhnliche Kälte war verstärkt worden durch einen vermehrten Freiluftaufenthalt mit ungewohntem Wintersport.

Diese sehr genau ärztlich wie meteorologisch verfolgte Beobachtung spricht meines Erachtens auch für die Möglichkeit, daß ein reiner Kälteschaden krankheitsauslösend wirken kann (andere meteorologische Einflüsse entfallen hier) und zeigt, daß unter besonderen Umständen auch der Übergang aus dem Tropenklima nach Mitteleuropa eine Akklimatisation erfordert. Bei anderen Personen konnten wir in diesem strengen Winter keine außergewöhnlichen Kältereaktionen oder vermehrte Erkältungsinfekte beobachten.

c) Verschiedene Allergosen sowie Migräne.

Neben dem Bronchialasthma treten die anderen Krankheiten zurück, die von allergischen Erscheinungen begleitet sind. Die klimatische Behandlung sämtlicher *Allergosen* muß an sich deshalb schon wertvoll sein, weil die allergischen Erkrankungen an sich ein Stadtprodukt sind. Der „Zivilisationsfaktor“ beim Heufieber ist bekannt, wenn er auch noch nicht in alle Einzelheiten aufgespalten werden kann; nach HORNECK sind unter der Stadtbevölkerung allergische Erkrankungen mehr als doppelt so häufig als unter der Landbevölkerung. Wie schon beim Bronchialasthma ausgeführt, bedeutet die Kurortbehandlung der allergischen Krankheiten weniger die Entfernung aus dem allergischen Milieu als eine tiefeingreifende Umstimmung des gesamten Organismus, die auch zu Hause nachwirken muß. Auch bei Menschen, die seit langem an Heuschnupfen litten, sah ich diesen nach Verlegung ihres Dauerwohnsitzes in den Kurort allmählich sich verlieren, obwohl ein Mittelgebirgskurort einmal an sich nicht pollenallergenfrei, ja nicht einmal allergenarm sein kann und der naturgemäß verstärkte Freiluftaufenthalt eine vermehrte Pollenexposition bringen muß. Durch den Klimawechsel mit allen seinen Folgen tritt eine weitgehende Desensibilisierung ein, wobei die klimatisch bedingte Dämpfung des vegetativen Nervensystems wohl sehr bedeutsam sein kann. Einen sicheren Fall von Nahrungsmittelallergie, der klimatisch beeinflußt wurde, kenne ich nicht; nach französischen Autoren (MOURIQUAND et JOSSERAND) und nach KARRENBERG liegen dahingehende Erfahrungen vor[1]. In meiner ersten bioklimatischen Arbeit habe ich meteorotrope Durchfälle beschrieben; heute betrachte ich das schlagartige Auftreten von Durchfällen, ohne sichere diätetische oder psychogene Veranlassung, als durch allergische Vorgänge, bei denen bestimmte Wettervorgänge, insbesondere Kaltlufteinbrüche ätiologisch wichtig sind, hervorgerufen.

Migräne ist ein dankbares *Objekt konsequenter klimatischer Kuren.* Langanhaltende Migränen sahen wir wiederholt verschwinden, und in einigen echten Fällen wurden Dauererfolge erzielt. Die Migräne ist freilich in ihrer Genese noch polymorpher als das Bronchialasthma. Für das ausgesprochen psychophysische Zusammenspiel bei ihr spricht der wohl bisher wenig beachtete Umstand, daß die Migräne psychotherapeutisch stark angreifbar ist (nach unveröffentlichten Mitteilungen von A. BRANDT, Königstein/Taunus). Ihre klimatische Ansprechbarkeit ergibt sich auch aus ihrer *deutlichen Wetterempfindlichkeit.* Wie ich schon früher zeigte, bekommen alle Migräniker nicht immer gleichmäßig bei bestimmten Wetterkonstellationen ihre Anfälle. Die jeweilige individuelle Ansprechbarkeit ist gerade bei Migränikern von Tag zu Tag sehr verschieden. Es scheint mir, daß über die wechselnde, von dem jeweiligen körperlich-seelischen Zustand abhängige Ansprechbarkeit hinaus der Einzelne verschieden auf bestimmte Wetterlagen reagiert. Bei bestimmten Wetterlagen können auch einzelne meteorologische Faktoren ausschlaggebend werden, wenn der Organismus ihnen zu stark ausgesetzt wird (Sonnenstrahlung, auch Wind). Im Winter kommt es besonders leicht beim Einbruch böenartiger Wetterlagen zur Migräne, sie ist oft ein Vorzeichen kommenden Schneefalls. Nicht selten klingen dann die Migräneerscheinungen mit dem einsetzenden Schneefall ab. Weiter habe ich wiederholt beim Einströmen subtropischer Luftmassen (mTW und cTW) Migräneanfälle und verstärkte habituelle Kopfschmerzen beobachten können. Im März 1938 hatten wir z. B. bei einer Hochdruckwetterlage, bei starker Sonneneinstrahlung (= Ultra-

---

[1] NONNENBRUCH (Wien. klin. Wschr. 1941, S. 43) nimmt als wahrscheinlich an, daß allergisch bedingte Leberschäden eine Grundlage so vieler sog. dyspeptischer Krankheitsbilder sind.

violettintensitäten bis 10) wenig migräneähnliche Beschwerden zu verzeichnen; als jedoch unter annähernd gleichbleibender Sonnenscheindauer und -intensität die Luftmassen von mAK durch mTW ersetzt wurden, kam es zu gehäuften Beschwerden. Das Auftreten von Aufgleitflächen ist nicht selten von Kopfschmerzen begleitet. Meines Erachtens ist bei wetter- und klimabedingten Hilfsursachen für die Entstehung von Kopfschmerzen besonders das Luftkolloid beteiligt, die qualitative und quantitative Beschaffenheit der eingeatmeten Kondensationskerne, vielleicht auch das Ionenspektrum der Luft. Wie der Mensch auf starke oder üble Gerüche reagieren kann, ist bekannt. Bei Bestrahlungen mit künstlichen Strahlern kommt es zu starkem Ansteigen der Kernzahlen (AMELUNG und LANDSBERG) und zu künstlicher Ionisierung der Luft (L. SCHULZ) besonders mit Vermehrung der Ultraschwer-Ionen. Es ist wahrscheinlich, daß Erscheinungen wie allgemeines Unwohlsein mit Schwindelgefühl, Kopfdruck, Unruhe und Brechneigung, die sowohl bei meteorologischen Einflüssen wie unter der Bestrahlung auftreten können, ähnliche Ursachen haben können. Da die Reaktionen bei den Bestrahlungen sofort (noch unter der Bestrahlung) auftreten, während die Wirkung der ultravioletten Strahlung an sich später eintritt, ist anzunehmen, daß die erwähnten Nebenerscheinungen weniger strahlungsbedingt als auf die Einatmung der entstandenen Kerne usw. zurückzuführen sind. Von der klimatischen Kur sahen wir bei der Migräne besonders gute Erfolge im Winter. Für Dauererfolge ist ein Minimum von 5 Wochen Kur anzustreben, wenn auch viele Migräniker sofort auf den Klimawechsel mit Wohlbefinden reagieren. (Diese Sofortreaktion ist auch bisweilen bei Kranken mit postkommotionellen Erscheinungen nachweisbar; nach unseren Erfahrungen sind diese Kranken weniger meteorolabil.) Dem Nachlassen der Migräneanfälle und der habituellen Kopfschmerzen gingen häufig eine erhebliche Besserung des Allgemeinbefindens, stärkere Gewichtszunahme und psychischer Auftrieb voraus.

d) Herz- und Gefäßkrankheiten.

In der *Behandlung der Herzkrankheiten* kommt der klimatischen Therapie eine wesentliche Bedeutung zu, obwohl sie in dem allgemeinen Schrifttum i. a. nur wenig beachtet wird. Auch bei den Badekuren spielt das Klima eine Rolle, wie kürzlich vor allem auch von VOGT betont worden ist. VOGT weist mit Recht darauf hin, daß es ein Unterschied ist, ob man ein kreislaufwirksames Bad in der Tiefebene oder in den ganz anders gelagerten klimatischen Verhältnissen einer Gebirgslage verordnet; wir selbst erwähnten schon im ersten Teil dieser Arbeit ähnliche Gedankengänge. Was die besonderen Anzeigen für die Klimawahl bei den einzelnen Herzkrankheiten oder ihren Stadien anbetrifft, so scheinen hier die Indikationen klar herausgearbeitet zu sein und Formulierungen, wie sie grundlegend zuerst wohl DETERMANN schon 1912 aufstellen konnte, dürfte heute noch in vielem zuzustimmen sein. Mit den Beziehungen zwischen Klima und Kreislauf haben sich weiter eingehend beschäftigt u. a. GROEDEL, MICHAUD, VAN OORDT, STAEHELIN, STÄUBLI, STROOMANN im deutschen Schrifttum, DUMAS im französischen. Es ist selbstverständlich, daß die zunehmend bessere Kenntnis der physiopathologischen Wirkungsmöglichkeiten der einzelnen Klimata einerseits und die der Kreislaufmechanismen andererseits im einzelnen das Bild nicht unwesentlich verändern mußte. Dazu kommt, daß auch zeitbedingte Einflüsse in das Krankheitsgeschehen eingreifen und auch die klimatischen Indikationen beeinflussen können, wie noch zu besprechen sein wird. Gedrängt wären *für die Versendung von Herzkranken in Kurorte* gegenwärtig *folgende klimatischen Richtlinien* aufzustellen (AMELUNG): Bei allen Menschen mit leichteren arteriosklerotischen Krankheitserscheinungen ist stets eine klimatische Behandlung angezeigt und vorteilhaft; Mittel- und Hochgebirge kommen i. a. ebenso in Frage wie die Kurorte der Meeresküsten. Für das Hochgebirge sowie für die Nordsee sind ungeeignet Kranke mit Coronarsklerosen, Kreislaufstörungen der Wechseljahre und alle Formen von Herzmuskelschädigungen mit dekompensiertem Kreislauf. Für diese Kranken ist das Mittelgebirge unter gewissen Voraussetzungen, insbesondere vorsichtiger Akklimatisation und den Möglichkeiten entsprechender ärztlicher und diätetischer Versorgung, das Klima der Wahl. *Das Mittelgebirge bietet also auch solchen Kranken die Möglichkeit zu einer Kur, bei denen Schwere und Art ihres Leidens eine balneologische Behandlung (vorübergehend oder dauernd) ausschließen.* Für die klimatische Behandlung im einzelnen, die Wahl des jeweiligen Kurortes und die Behandlung in diesem sind zahlreiche Einzelheiten wichtig, deren Beachtung erst einen entscheidenden Erfolg verbürgt. Einen Überblick über die von mir im Kurort klinisch behandelten Herz- und Gefäßkranken ergibt folgende Tabelle; sie enthält nicht die ambulanten Kranken.

Tabelle 1. Klinisch behandelte Kranke mit Herz- und Gefäßleiden
1. IV. 1925 bis 31. XII. 1940 = 1520 (= 21% aller Kranken der Anstalt); (811 Männer = 53% und 709 Frauen = 47%).

	Anzahl der Männer	% der GesamtHerzkr.	% der männl. Herzkr.	Gesamtzahl	Anzahl der Frauen	% der GesamtHerzkr.	% der weibl. Herzkr.
Herzinsuffizienz	345	23	43	561	216	14	30
Chronisch erhöhter Blutdruck.	556	37	69	1001	445	29	63
Angina pectoris	216	14	27	293	77	5	11

Zahlreiche dieser Kranken habe ich wiederholt zu behandeln Gelegenheit gehabt, und viele Katamnesen konnten gewonnen werden. Nicht wenige dieser Patienten waren durch manche andere Kurorte gegangen und hatten für den Arzt sehr brauchbare Erfahrungen gemacht. Gerade bei Herzstörungen kann der Arzt im Kurort selbst durch geschickte Ausnutzung der örtlichen Heilmittel, der Beachtung lokalklimatischer Eigentümlichkeiten, der Anpassung der Therapie an die jeweilige Wetterlage, Abstufung der einzelnen klimatischen Belastungen oder Reize in das Krankheitsgeschehen eingreifen, fördernd, aber auch schadend. Das *Klima* kann in sehr mannigfacher Weise die *Herzarbeit erleichtern und verbessern.* Durch das Fehlen oder die Abschwächung ungünstiger klimatisch-meteorologischer Einflüsse kann ein Heilklima das Herz sehr schonen, und unter diesen günstigen Einwirkungen kann dieses dann durch die erleichterte Übung gekräftigt werden. Ländliche Gegenden selbst der Tiefebene sind im Sommer kühler, weil hier die durch das Häusermeer bedingte Wärmestauung fortfällt. An heiteren Tagen erwärmt sich die Stadt nicht so schnell wie das Land, bei kurzen Tagen ist das ein weiterer Vorzug des Landes, und an den längeren Sommertagen verbringt der Kranke sowieso nicht die ersten Stunden des Kurtages im Freien. Im Gebirge ist zwar das mittägliche Maximum bisweilen nur dem adiabatischen

Gradienten entsprechend verringert, bisweilen ist es aber auch niedriger wegen der im Sommer an heißen Tagen recht willkommenen vermehrten Wolkenbildung über dem Bergland. Vergleiche der mittäglichen Maxima der Intensitäten der Ultraviolettstrahlung zeigten, daß diese im Vergleich zu anderen Jahreszeiten an heiteren Tagen im Sommer im Gebirge eher niedriger als in der Ebene sind. Vor allem kann der Kranke im Mittelgebirge den wenigen Stunden des mittäglichen stärksten Temperaturanstiegs entgehen, wenn er den Schatten der Wälder aufsucht. In den Abendstunden, etwa ab 18 Uhr, treten dann in den für Herzkranke empfehlenswerten Kurorten Bergwinde auf, die in stärkerem Grade als dem Gradienten entsprechend abkühlen und dadurch auch die kühlen und erquickenden Nächte bringen. In anderen Jahreszeiten ist besonders die Vermeidung schroffer Witterungsumschläge anzustreben. Der Kurort soll also ein Klima haben, in dem böenartige Winde mit Regenschauern und starken Stürmen abgeschwächt sind, deshalb sind ausgesprochene Kammlagen vor allem zu vermeiden und windgeschützte Hanglagen zu empfehlen. Andererseits sind stagnierende Inversionslagen, deren mit Kernen und Staub angelagerte feuchte Luftschichten die Atmung behindern und Infekte begünstigen, ebenso unerwünscht. Der Kurort muß also nicht nur einmündende Täler haben, durch die im Sommer kühlende Winde streichen, sondern die kalte Luft muß auch nachts abfließen können. In den Wintermonaten ist es nicht unwichtig, daß die einströmende Bergluft nicht zu kalt ist; im großdeutschen Raum besitzen wir freilich kaum Orte, die auch nur annähernd im Winter solche klimatische Vorzüge für ältere Menschen bieten wie die Gebiete um Bozen und Meran (VON FICKER). Es ist auch bei der Klimawahl sehr zu beachten, daß viele Herzkranke schwache Bronchien haben, leicht zu Erkältungen neigen. Der günstige Einfluß des Heilklimas macht sich auch durch die Ausheilung manchen Fokalherdes (Nebenhöhlen, Tonsillen) bemerkbar.

Form und Stadium des einzelnen Herzleidens sprechen sehr wechselnd auf die klimatischen und wetterbedingten Einflüsse an. Es gilt vor allem in der *Kreislauftherapie als das oberste Gesetz* der Behandlung, *Schonung und Übung in jedem Einzelfall richtig zu dosieren* (F. A. HOFFMANN). Wie in der Pharmakotherapie der Herzkrankheiten sind der Zustand des Herzmuskels, seine Reservekraft oder der Grad der Dekompensation auch in der physikalischen und klimatischen Behandlung für den einzuschlagenden Weg sehr wichtig. In der Balneo- und in der Klimatherapie besonders sind auch die Gesamtverfassung, das Lebensalter und vor allem das gesamte Gefäßsystem des Patienten wohl zu beachten. Nach meinen Erfahrungen kann z. B. einem Kranken mit Herzklappenfehler an der Grenze der Kompensation klimatisch mehr zugemutet werden als einem mit einem arteriosklerotischen Herzmuskelschaden mit derselben Reservekraft. Aber das Klima als Heilmittel wird im ganzen bei einem Arteriosklerotiker viel mehr nützen und durch eine andere Behandlung nicht so leicht zu ersetzen sein, weil hier der Herzschaden die Folge eines kranken Gefäßsystems ist, das auf klimatische Einflüsse sehr ansprechbar ist. Ansprechbarkeit des vegetativen Nervensystems, Labilität der Vasomotoren stehen in engster Beziehung zu Klima und Wettereinflüssen. Diese individuell so schwankenden und verschiedenen Reaktionslagen des autonomen Systems mit der von ihm abhängigen Neigung zu Spasmen, vasolabilen Reaktionen erschweren uns im Einzelfall immer von neuem die Prognose, ob z. B. das Klima der Nordseeinseln oder ausgesprochenes

Hochgebirgsklima vertragen wird. Die Entscheidung wird nicht selten eine solche der Konstitution, wodurch sie nicht leichter wird, denn die Beziehungen zwischen Klima und Konstitution sind, wie sich noch zeigen wird, recht ungeklärt. Jedenfalls wird die *klimatische Behandlung bei Herz- und Gefäßstörungen* erstens die *Leistungsfähigkeit des Herzmuskels* und dann *die Vasomotoren zu beachten haben.* Es erschien mir deshalb zweckmäßig, mein Krankheitsgut sowohl symptomatologisch wie ätiologisch zu betrachten.

Die starke *Zunahme der Herzgefäßkrankheiten* in allen Kulturländern erweist diese als *ausgesprochene Verbrauchskrankheiten.* Ist aber die Kurortbehandlung, therapeutisch und prophylaktisch, eines der wichtigsten Schutzmittel gegen frühzeitige Abnutzung im Lebenskampf und vorzeitiges Altern und Invalidewerden, so kommt ihr eine besondere soziale Bedeutung zu. Die Herzinsuffizienz als Folge eines endokarditischen Herzklappenfehlers oder die anginösen Erscheinungen infolge eines luischen Prozesses sind in den Hintergrund getreten gegen die mannigfachen Schwächezustände am Herzmuskel infolge des Nachlassens der Funktion der Herzkranzgefäße. Der moderne Begriff der *Coronarinsuffizienz* ist doch eng verbunden mit der *Coronarsklerose,* und der *Herzinfarkt* ist oft der katastrophal einsetzende Beweis des Herzmuskelschadens bei einem Hochdruck. Manche Mißerfolge der älteren klimatischen Behandlung beruhten auf der damaligen Unkenntnis uns heute wohlvertrauter Funktionsstörungen am Herzen, die dem Träger sehr gefährlich werden können. Manche früher als nervöse Angina pectoris infolge Nicotinabusus angesehene Herzstörung, deren Träger zu seinem Verderb ins CO_2-Bad oder ins Höhenklima gesandt wurde, würden wir heute als Herzinfarkt mit strenger Bettruhe behandeln und so zur Ausheilung bringen. Gerade *beim Herzkranken muß der Arzt im Kurort ständig das kranke Organ beaufsichtigen, und bei keiner Krankheit kann ein falsch angewandtes Kurmittel so schaden.* Der Kurarzt muß deshalb die Kreislaufdiagnostik in all ihren Einzelheiten beherrschen. Die beste Funktionsprüfung ist immer die Belastung des Lebens. Deshalb auch die Wichtigkeit einer guten Anamnese. Im Kurort wird man den Kranken nach den Bädern, nach Spaziergängen, nach anregender Unterhaltung, nach Gymnastik, auch nach einer schlecht geschlafenen Nacht, nach Gemütsbewegungen, nach Telephongesprächen, auch unter meteorologischen Einflüssen sorgfältig beobachten. Subjektive Empfindungen des Kranken wie leichte Atemnot, Druck auf der Brust, Hüsteln, Herzklopfen, Angstgefühle sind ebenso wichtig wie die objektiven Zeichen der Herzschwäche nach Belastung. Der Aufenthalt im Sanatorium hat den Vorteil, daß Belastungsreaktionen viel leichter und schneller zur Beobachtung kommen, und im alltäglichen Umgang sieht der Arzt nicht selten herzbelastende Gewohnheiten, die dem Kranken unbekannt waren und die leicht abzustellen sind. Die objektive Registrierung dieser für die klimatische Therapie wichtigen Leistungsschwankungen gewährleistet häufig, nicht immer, das Ekg; über das Kymogramm fehlen mir noch eigene ausgedehnte Erfahrungen. Nur ganz selten widerstreben die Patienten der Kurorts-Ekg-Kontrolle mit dem Hinweis, zu Hause sei alles schon untersucht; die fortlaufende Ekg-Kontrolle darf deshalb nicht an der Preisgestaltung scheitern.

Schon mäßige *körperliche Mehrbelastungen* können bei Hinzutritt besonders *ungünstiger Wetterlagen* deutliche Anzeichen von *Herzschwäche* usw. hervorrufen.

Paradigma: 47 jähriger Patient (Aufnahme Nr. 254/1940). 9 Wochen vor Ankunft im Kurort Vorderwandinfarkt; hier unter Strophanthin und langsam steigender klimatischer Behandlung Wohlbefinden. Protokoll über die Reaktion am 22. VII. abends: Patient hat heute nachmittag einen Spaziergang von etwa $^5/_4$ Stunden, zuletzt wegen drohenden Regens in schnellerem Tempo gemacht (mäßige Steigung, etwa 1 km mehr als üblich, vielleicht $^1/_4$ Stunde länger gegangen als sonst). Er fühlt sich zum erstenmal, seitdem er in K. ist, müde und elend, aber keine anginösen Beschwerden. Unmittelbar nach der Rückkehr (18 Uhr) Gewitter. Nach dem Abendessen frischeres Befinden, am nächsten Morgen nach langer Ruhe Wohlbefinden. Befund sofort nach der Rückkehr: müdes Aussehen, Herz: auskultatorisch und perkutorisch unverändert, Puls 70 regelmäßig, Blutdruck 100/70 mm Hg. Ekg ergibt im Vergleich mit den früheren Aufnahmen, auch einem Belastungs-Ekg, deutlich verstärkte Erscheinungen der Coronarinsuffizienz, RR am nächsten Morgen: 125/75.

Die klimatotherapeutische Überprüfung meines Guts an Herzgefäßkranken zeigte, daß *die Klärung der Beziehungen zwischen Krankheit und Klima* eine *sorgfältige Analyse der einzelnen Krankheitsformen bedingt.* Das gilt vor allem bei der *Blutdruckkrankheit.* Dagegen ist es natürlich im Rahmen der bekannten hämodynamischen Unterschiede z. B. bei dem Ansprechen eines Klappenfehlers auf das Klima an sich belanglos, ob eine Mitral- oder Aorteninsuffizienz vorliegt. Fast alle bisherigen klimatologischen Untersuchungen betrachten fast losgelöst von den klinischen Grundsätzen die Schwankungen der Blutdruckwerte als das entscheidende Kriterium und übersehen den therapeutisch und prognostisch sehr bedeutungsvollen Formenreichtum der chronischen Blutdrucksteigerung. Die VOLHARDsche *Dreiteilung der Hochdruckkrankheit* ist allgemein anerkannt: 1. der *reine Altershochdruck* mit erhöhtem systolischen und normalem diastolischen Druck. 2. Der *eigentliche rote Hochdruck* (essentielle Hypertension, genuiner Hochdruck, benigne Nephrosklerose), bei dem es auch zu einer Erhöhung des diastolischen Druckes kommen kann. 3. Der *blasse Hochdruck* (maligne Sklerose, genuine Schrumpfniere sowie sekundärer Hochdruck der nicht mehr heilbaren Nephritis). Die essentielle Hypertension kann ohne scharfe Trennung in die Altersform übergehen, wenn sie nicht maligne unter dem Bild der Schrumpfniere endet. WEZLER (zusammen mit BOEGER) hat jüngst mit Hilfe besonderer physikalischer Untersuchungsmethoden neue grundlegende Studien über die Blutdrucksteigerung gebracht und die Hochdruckformen einer erneuten Analyse unterzogen. WEZLER unterscheidet erstens den *Widerstandshochdruck* durch Zunahme der Widerstände in der peripheren Strombahn. Die zweite von WEZLER angegebene Form ist der *Elastizitätshochdruck*, bei dem die Elastizität der größeren Arterien nachgelassen hat, während der Widerstand in der peripheren Strombahn nicht erhöht ist; er kommt zustande durch die Abnahme der „Windkessel"-funktion der mittleren Arterien. Endlich gibt es noch einen *Schlag-Minutenvolumenhochdruck* durch Zunahme des Schlagvolumens, welche Form bei der juvenilen Hypertonie, auch bei der posttraumatischen (SARRE) sich findet. Es ist weiter untersucht worden, welcher Mechanismus des Hochdrucks bei den klinisch abgrenzbaren Formen der Blutdrucksteigerung vorliegt (BOEGER, HILDEBRAND). Es ergeben sich dann *Kombinationsbilder;* so ist der blasse Hochdruck VOLHARDS eine *Kombination* von Widerstands- und Elastizitätshochdruck. Der rote Hochdruck VOLHARDS ist dagegen physikalisch noch weiter zu trennen in Formen, die den Mechanismus des Schlag-Minutenvolumenhochdrucks und die den des Elastizitätshochdrucks aufweisen; Kombinationen dieser beiden Formen finden sich in der sog. Übergangsform. Die Annahme ist berechtigt, daß die

geschilderte Einteilung der arteriellen Drucksteigerung nach physikalischen Gesichtspunkten vielversprechende Fortschritte in diagnostischer, prognostischer
und therapeutischer Hinsicht zeitigen wird. Derartige exakte physikalische
Analysen setzen naturgemäß eine besondere Erfahrung und Apparatur voraus.
Der Arzt im Kurort wird deshalb, selbst wenn ihm klinische Möglichkeiten zur
Verfügung stehen, nur selten die erwähnten Kreislaufanalysen vornehmen können,
zumal die Kranken im Kurort große Untersuchungen hier eher als „Plage" an-
sehen als in der Stadt[1].

In der prognostischen und therapeutischen Beurteilung des einzelnen Kranken
mit essentieller Hypertension kommt man praktisch vielfach weiter, wenn man
das *ganze Lebensbild* betrachtet. Unterteilungen des roten Hochdrucks sind an
sich nicht neu (A. RÜHL u. a.). Man kann in die *uns empirisch bewährten ätio-
logischen Unterabteilungen des roten Hochdrucks* zwanglos auch die meisten nichtspezifischen organischen Gefäßstörungen des Herzens und des Gehirns einreihen,
auch wenn sie keine Blutdruckerhöhung zeigen; das Primäre ist mitunter die
Hypertension, die nach einem Herzinfarkt usw. vielfach später „normale" Blutdruckwerte aufweist. Zwischen den einzelnen Gruppen bestehen fließende Übergänge, und häufig kann man einen Kranken mehrfach zuteilen, was nur besagt,
daß an vielerlei Ursachen zu denken ist; von einer prozentualen Aufspaltung
habe ich deshalb abgesehen. 1. *Gruppe der konstitutionellen Neurastheniker und
depressiven Psychopathen*. Überaus gewissenhafte, grüblerische, oft überfleißige
und pedantische Menschen, die in ihrer großen Berufssorgfalt, oft von ständigen
Angstgefühlen gequält, in ständigem Pessimismus zu keiner äußeren und inneren
Entspannung kommen. Dahin gehören auch jene stets gespannten, unruhig-
betriebsamen Naturen, die Kampf und Konflikte mit der Umwelt lieben und
suchen und endlich auch körperlich an den selbst geschaffenen Schwierigkeiten
zugrunde gehen, weil ihnen die heitere Zufriedenheit und das Selbstbewußtsein
des hypomanischen „Gschaftlhubers", für den der Kampf eine Erquickung
ist, fehlt. Mehrere unserer Kranken endeten durch Selbstmord. Bei der *zweiten
Gruppe* steht im Vordergrund die *familiäre Belastung mit Gefäßkrankheiten*; oft
in demselben Lebensalter wie beim Vater, bei dem Bruder treten, nicht selten
schlagartig, die ersten Krankheitszeichen auf. Die Kombination dieser beiden
Gruppen scheint prognostisch recht ungünstig. Bedenklich ist auch die familiäre
Belastung mit apoplektischen Insulten, Herzinfarkt, Schrumpfniere, auch mit
Migräne, während ich reine Hypertonikerfamilien kenne, die ausgesprochen langlebig sind. 3. *Kranke mit* gesunder Psyche, ohne Heredität, mit geregelter Lebensweise. Ursächlich finden wir hier, ohne Nierenbeteiligung, vorausgegangene
oder noch bestehende *chronische Infekte* (auch im Sinn der fokalen Infektion,
lange Thrombophlebitiden, septische Erkrankungen nach Schußverletzungen),
wiederholte *schwere Operationen*. Ob hier allergische Vorgänge mitwirken, weiß
ich nicht. Wir haben vereinzelt bei Jugendlichen einen Hochdruck sich ent-
wickeln sehen unmittelbar nach einem schweren *Unfall* mit Gehirnerschütterung
(vgl. auch die eingehende Darstellung von SARRE). Diese Form war nicht häufig,
scheint aber im Zunehmen, ebenso wie die nächste. 4. Die sehr wichtige Gruppe,
bei der in der Lebensweise liegende *exogene Faktoren, Alkohol* und besonders

---

[1] WEZLER betont, daß die Gruppierung der Hypertonien nach kreislauf-mechanischer
Gleichartigkeit klinische Einteilungsprinzipien nicht ersetzen, sondern ergänzen soll.

Nicotin, vor allem aber *schwerste Überlastungen* besonders psychischer Art wirksam sind. Ein von dem normalen Rhythmus, von befriedigender Arbeit und entspannender wirklicher Ruhe immer mehr entferntes, mit ständiger Hetze, unregelmäßiger Lebensweise, anhaltenden Spannungen, großer Verantwortung bei innerlicher Verarmung und religiöser Entwurzelung gelebtes Leben bedeutet eine schwere Belastung des vegetativen Nervensystems und damit des Gefäßsystems und ist häufig verankert mit dem Bild der komplexen Großstadtschädigung. G. von BERGMANN sagt treffend: „Emotion wie Nicotin sind Schäden der Zivilisation". Man findet diese Vorbedingungen nicht nur bei Angehörigen gehobener sozialer Schichten, bei denen zu einer durch äußeren Zwang oder Ehrgeiz bedingten übernormalen beruflichen Anspannung ein vielfach gesteigerter Hunger nach Lebensgenuß schädigend hinzutritt, sondern auch bei vielen Werktätigen mit gespannter Verantwortung und dem Zwang höchster Konzentration ohne körperlichen Ausgleich (Lokomotivführern, Fahrern besonders von Lastkraftwagen; nach RÜHL auch Telephonisten und Funkern). HOLLMANN hat sehr anschaulich gezeigt, wie in einem industriellen Betrieb bewährte Vorarbeiter dann an anginösen Beschwerden bis zum echten Myokardinfarkt erkrankten, wenn ihre Verantwortung größer wurde, selbst beim Nachlassen der körperlichen Belastung. Im allgemeinen müssen zu diesem Grundschaden des modernen Lebens noch andere exogene Einwirkungen hinzutreten, um eine ernstere dauernde Gefäßerkrankung entstehen zu lassen. Die berechtigte Bekämpfung des heutigen Tabakmißbrauchs sollte meines Erachtens die von mir schon früher (in „Biologie der Großstadt") hervorgehobene Tatsache nicht übersehen, daß jenes sinnlose, schon jenseits jeden Genusses liegende Rauchen, doppelt gefährlich, weil ein gehetztes Rauchen die Resorption und dadurch die Giftwirkung verstärkt, nur eine Folge jener seelischen Disharmonie ist, die narkotische Entspannung sucht, weil die natürliche verlorengegangen ist. Für eine ätiologisch nachteilige Bedeutung reichlichen Fleischgenusses ergibt mein Krankheitsgut keinen Anhalt. Bei diesen Gefäßkranken finden wir häufig in der Vorgeschichte Zeiten schwerster seelischer Krisen: Geschäftszusammenbrüche und Konkurse, langwierige, existenzbedrohende Prozesse, unschuldig erlittene Strafverfahren, zermürbende Ehescheidungen, auch schwere Erlebnisse der Kriegszeit, Gefangenschaft, lang anhaltende Erkrankungen in Familien. Die *lange Dauer* des *psychischen Traumas* scheint ätiologisch wichtig zu sein. Weiter (5.) eine *Gruppe,* bei der endokrine Einflüsse sehr wirksam sind. Nicht nur die bekannten Einwirkungen des *Klimakteriums,* wobei nicht selten diese Form der Blutdruckerhöhung in die *Altersform* übergeht und i. a. gutartig ist, sondern auch *thyreotoxische* zeigen sich bisweilen in meinen Fällen, besonders bei älteren Menschen. Für die Mitwirkung *hormonaler Störungen* auch bei den Gefäßerkrankungen des Mannes spricht nicht nur, daß er häufiger und vor allem schwerer an ihnen erkrankt, wofür es ja auch genügend andere Gründe gibt, sondern auch die günstige Wirkung der männlichen Keimdrüsenpräparate (wir bevorzugen Testoviron) auf den gestörten Kreislauf. Eine Verringerung der Keimdrüsenwirkung disponiert zu Schwankungen in der Gefäßweite und zu Atheromatose und Arteriosklerose (von BERGMANN). Bei anderen Kranken endlich, häufiger bei Frauen, läßt sich eine *ätiologische Einordnung kaum durchführen;* es sind aber fast durchweg Formen, die zu einem *Übergang in die maligne Form* neigen, ohne zunächst als solche sich erkennen zu geben; vielfach ist eine

starke Abnutzung bei Neigung zur Korpulenz vorhanden. Das Zusammentreffen einer neuro- oder psychopathischen Anlage, die an sich eine unruhigere
Lebensführung in sich birgt, mit erbbedingter Minderwertigkeit des Gefäß-
systems ist prognostisch ungünstig, da solche Menschen auch nicht selten zu
Exzessen in Alkohol und Rauchen neigen. Obwohl die Zahl der Frauen unter
meinen Kranken nicht erheblich geringer ist als die der Männer und von allen
Hochdruckpatienten immerhin 44% Frauen waren, verlief die *Hochdruckkrankheit
bei Frauen milder*, allerdings weniger monoton; von den Kranken mit sicherer
Herzinsuffizienz waren nur 39% Frauen, und von den Kranken mit klinisch in
Erscheinung tretenden Coronarstörungen waren nur 26% Frauen.

Ehe die klimatische Behandlung der Gefäßstörungen im einzelnen besprochen
wird, soll die Frage kurz erörtert werden, ob *durch heilklimatische Einflüsse der
Ablauf der Krankheit beeinflußt* werden kann. Die Wirkung der Jahreszeiten
und bestimmter Wetterlagen, die man wiederholt statistisch zu erfassen suchte,
soll ebenso wie der Einfluß belastender natürlicher Klimate (z. B. Tropenklima)
und künstlicher (Arbeitsklima) außer Betracht bleiben. An anderer Stelle hatte
ich darauf hingewiesen, daß zwei Drittel meiner Herzgefäßkranken lange Zeit in
der Großstadt gelebt hatten. Die Großstadt bewirkte häufig, daß bei erblicher
Belastung die Krankheit bis 10 Jahre früher als in der Aszendenz zum Ausbruch
kam[1]. Dabei ist natürlich das Klima der Großstadt an sich nicht allein ausschlaggebend, sondern das bekannte komplexe Zusammenwirken vieler Schäden. Die
Sippentafeln mancher Kranken, die als belastet galten und selbst frühzeitig
kreislaufkrank wurden, ergeben freilich, daß frühere Geschlechter, die noch in
bäuerischen oder kleinstädtischen Verhältnissen lebten, häufig sehr langlebig
waren. Und die Lebensläufe vieler meiner Kranken aus belasteter nächster
Aszendenz zeigen, daß die Progredienz der Krankheit abgeschwächt und in der
Familie wiederholt beobachtete Komplikationen nicht eintreten bei Personen,
die konsequent schonend ihr Leben gestalten konnten. Es ist hier ähnlich wie
bei der Fettsucht; man weiß nicht, was ätiologisch bedeutungsvoller ist, die
Heredität oder die Weitergabe schlechter Gewohnheiten von Geschlecht zu Geschlecht. Neben die Hygiene des Alltags, die Gestaltung des Wochenendes zum
wirklichen Feierabend des Körpers und der Seele treten die Urlaubszeiten als
wichtigster prophylaktischer Schutz. Der Urlaub wird aber am erfolgreichsten
im Kurort, mit Einschaltung balneologischer und klimatischer Verordnungen
verbracht. Wären auch hier die psychologischen Einflüsse die wirksamsten, so
stände nichts im Wege, z. B. dem noch leistungsfähigen Hypertoniker abwechs-
lungsreiche Reisen, die ohne zu starke körperliche Anstrengung ausführbar sind,
zu empfehlen, wie sie für viele Gesunde erholsam sind. Aber die eingangs geschilderten körperlichen Vorteile günstiger klimatischer Lagen geben doch eine
viel gründlichere und nachhaltende Erholung, die die Kranken selbst bald merken.
Und so sind es gerade die Kreislaufschwächlinge und -kranken, die oft geradezu
pedantisch jahraus, jahrein den erprobten Kurort, das gewohnte *Klima* zur
prophylaktischen Erholung aufsuchen. Das raschere Einleben im alten Kurort
oder im vertrauten Klima ist nicht nur ein schnelleres Zurechtfinden im bekannten

---

[1] *Anmerkung bei Korrektur.* Durch eine soeben erschienene Arbeit (Wien. klin. Wschr.
1941, 91) werde ich mit älteren Untersuchungen von BARÁTH [Wien. Arch. inn. Med. **25**
(1934)] bekannt, die den chronischen Hochdruck als Großstadterscheinung statistisch erhärten.

Milieu, sondern auch klimatologisch verständlich. Die Klimagewöhnung geht nicht so schnell verloren, eine Tatsache, die wenig bekannt ist; man weiß dieses aus differenteren Klimaten wie Nordseeküste (C. HÄBERLIN, Wyk/Föhr) oder Hochgebirge (STAEHELIN). Das „Übersommern" dieser Gefährdeten im Mittelgebirge, auch die Verlegung des Wohnsitzes dahin, hat sich bei meinen Kranken vielfach sehr bewährt. Diejenigen meiner kreislauf-hereditär belasteten Patienten, deren Krankheit einen auffallend günstigen langsamen Verlauf zeigte, hatten fast alle regelmäßige klimatische Kuren hinter sich. Ich kenne mehrere Hypertoniker, die seit mehr als 2 Jahrzehnten systolische Blutdruckwerte über 200 haben, ohne Behandlung in der Zwischenzeit und ohne sonstige wesentliche Lebensschonung sich sehr gut halten, aber jedes Jahr einen Kurort aufsuchen. Man kann dann geradezu von einer lebensverlängernden Wirkung der Kur sprechen, ohne damit die allgemeine „Lebensdiät" vernachlässigen zu wollen. Günstige soziale Verhältnisse mit dem bewußten Willen, nach Möglichkeit etwas für die Gesundheit zu tun, geben bei Hypertonie und Angina pectoris die Aussicht auf ein längeres Leben, als im Schrifttum angenommen wird (nach LEWIS und nach UHLENBRUCK Lebensdauer etwa 10 Jahre in unkomplizierten Fällen).

Von allen Herz- und Gefäßkranken hatten 18% der Männer, 9% der Frauen irgendwelche nennenswerte *cerebralsklerotische Komplikationen* durchgemacht, meist angiospastische oder echte apoplektische Insulte, und nicht selten waren diese oder leichtere cerebralvasomotorische Störungen der Grund des Besuchs des Kurorts. Von meinen Herzgefäßkranken hatten nur 15—20%, in den einzelnen Jahren verschieden, einen reinen Herzmuskelschaden bei einem Klappenfehler oder nach toxischer Myokarditis usw., während bei rund *80—85%* die *Herzerkrankung* der *Ausdruck der Störungen im gesamten Gefäßsystem bei Hypertonie, allgemeiner Arteriosklerose* usw. waren. Die teilweise ausgezeichneten *Erfolge bei der Klimabehandlung* des Hochdrucks und der Arteriosklerose dürfen die *bei chronischer Herzmuskelschwäche* anderer Ätiologie nicht übersehen lassen, wenn auch diese hauptsächlich die Domäne balneo-klimatischer Behandlung sind. Aber auch, wenn man ein Heilbad mit Kohlensäurebädern wählt, hat die rein klimatische Mittelgebirgsbehandlung ihre Berechtigung: als Vorbehandlung, zusammen mit Diät und Digitalis oder Strophanthin, wobei die vorsichtig dosierten Schonfaktoren des Klimas das Herz badetüchtig machen und zweitens nach der Badekur, wo das Herz unter starken klimatischen Reizen bei Wandern und Sport endgültig gekräftigt wird. Es sei hier von vornherein grundsätzlich gesagt, daß sowohl das schwerkranke wie das zu übende Herz im Mittelgebirgskurort unter gewissen Voraussetzungen am richtigen Platze ist; die klimatischen Verordnungen sind jeweilig entsprechend anzupassen. Herzkranke mit gutem Gefäßsystem, besonders junge Menschen sind bei gutem klimatischem Ansprechen häufig kaum meteorolabil, im Gegensatz zum Hypertoniker und Arteriosklerotiker. Die feuchte Herzschwäche reagiert zwar bisweilen auf Wetterwechsel, und das Einsetzen einer trockenen Wetterperiode kann die Diurese anregen, aber der jugendliche Herzkranke usw. ist doch in seinem schlechteren oder besseren Befinden viel weniger von feuchter oder trockener Luft abhängig.

Die *klimatische Behandlung des (roten) Hochdrucks* bedeutet einmal eine *Entlastung und Kräftigung des Herzens* und vor allem, durch ihre vegetativ und psychisch vermittelte Gefäßwirkung, eine *erhebliche Besserung der subjektiven*

Beschwerden. Nur in seltenen Ausnahmefällen, bei querulierenden Psychopathen, klimakterisch-psychotischen Frauen und vor allem bei Kranken, die sich im Laufe der Kur als progrediente Cerebralsklerotiker erwiesen, war kein Erfolg zu verzeichnen. Besonders auffällig ist das nicht selten restlose und nachhaltige Verschwinden der mit dem Hypertonus verbundenen MENIÈRE-Erscheinungen, eine Besserung, für die die Patienten uns besonders dankbar sind. Es lassen nach und verschwinden ganz: Schwindelgefühl, Druckgefühl im Kopf und migräneartige Kopfschmerzen, auch die Neigung zu Migräneanfällen, Blutandrang zum Kopf, Ohrensausen, Flimmern vor den Augen usw.; der Schlaf wird nicht selten besser. Interessanterweise setzt die Schlafbesserung bisweilen mit einem Mittagschlaf bei der Liegekur im Freien ein.

Auszug der Krankengeschichte einer 63jährigen Hypertonikerin (nur klimatische Behandlung) (Aufnahme Nr. 123/1938): schläft seit 15 Jahren schlecht; schlief in Königstein, was seit Jahren nicht mehr vorgekommen war, auch im Freien stundenlang gut am Tag; Nächte, anfangs mit wenig Tropfen Somnacetin, stellenweise sehr gut, Patientin schreibt nach $^3/_4$ Jahren: „In meiner Schlaflosigkeit ist durch Königstein eine wesentliche Besserung eingetreten."

Über die Besserung der Herzbeschwerden wird noch berichtet. Bei untergewichtigen, auch älteren Hypertonikern ist eine *Gewichtszunahme* ein *Zeichen der Erholung* und wurde häufig von uns beobachtet. Die gesamte körperliche Leistungsfähigkeit nimmt zu, und auch ohne Hormonbehandlung kommt es zu Potenzbesserungen. Auch bei progredienten Fällen, Übergangsformen, sieht man nicht selten einen beachtlichen Rückgang der subjektiven Beschwerden, besonders der Kopfschmerzen. Allgemein tritt bei Hypertonikern gleichzeitig eine weitgehende psychische Entspannung mit neuem Lebensmut auf; Reizbarkeit, Unruhe, Angstgefühle verschwinden, und die ganze Persönlichkeit wird freier. Typisch klimakterische Erscheinungen wie Wallungen, fliegende Hitze werden auch beeinflußt, erfordern aber nicht selten zusätzliche Hormonbehandlung (2 mal w. 10000 E. Progynon B. oleosum). Wie so häufig in der Klimatherapie kommt es *anfangs zu verstärkten subjektiven Beschwerden*: Besonders Herzklopfen, auch Extrasystolen, nächtliche Unruhe, Angstdruck am Herzen, seltener schon Kopfdruck, Schwindel oder Schwächeanfälle, Ohrgeräusche, auch ohne falsches Verhalten, Reaktionen, die bisweilen sofort, aber auch erst in der Mitte der 2. Woche einzusetzen pflegen und gewöhnlich bald abklingen. Diese Akklimatisationsbeschwerden sind kein Grund, den Aufenthalt abzubrechen; ich teile hier nicht die Ansicht von GROEDEL und STAEHELIN, die raten, dann einen niedergelegenen Ort aufzusuchen.

Besteht ein Zusammenhang, eine Parallelität zwischen dem Rückgang der erhöhten Blutdruckwerte und der Besserung des objektiven Befindens und der subjektiven Beschwerden? *Wieweit* sind die *Kurorterfolge klimatogen, Folgen der allgemeinen Entspannung, besonderer Diäten* oder *zusätzlicher medikamentöser Behandlung?* In der kurärztlichen Beschreibung der Hypertoniebehandlung wird fast stets auf die rapide Senkung der Blutdruckwerte hingewiesen und diese als Erfolg gebucht. Einer der ersten Untersucher, der sorgfältige STÄUBLI schreibt: „Wir sehen bei vielen Hypertonien im längeren Verlauf einer Hochgebirgskur ein manchmal sogar sehr ausgesprochenes Sinken des Blutdrucks, bis zu 60 cm H_2O (= 45 mm Hg)". STÄUBLI glaubte, Lebensführung, Emotionen usw. ausschließen zu können und betrachtete diese nur bei erhöhtem Blutdruck vorkommende Blutdrucksenkung als eine wichtige physiologische Erscheinung. Auch bei der Betrachtung anderer therapeutischer Anwendungen (z. B. Saftfastkuren) wird vor allem auf die *ausgesprochene Blutdrucksenkung im Laufe der Behandlung* hingewiesen, und die Autoren nehmen vielfach dabei als Ausgangswerte des Blutdrucks solche an, die sie an dem ersten Beobachtungstag gemessen haben. Es ist aber dabei naheliegend anzunehmen, daß diese *Messungen „bei der Aufnahme"* *aus psychischen Gründen vielfach überhöht sind*, und man sollte aus der Senkung der Blutdruckwerte erst dann Folgerungen ziehen, wenn eine Vorperiode die übersteigerten Werte hat abklingen lassen. Selbstverständlich müssen solche Fälle außerhalb der therapeutischen Betrachtung bleiben, bei denen Senkungen des Blutdrucks Folgen des Kreislaufversagens sind. Der ideale Vergleich wäre natürlich der der Werte unter den Alltagsbedingungen vor und nach einer besonderen Behandlung. Unter Alltagsbedingungen sollte dabei nicht das Krankenhaus oder der Kurort gelten. Für diese Art Beobachtungen zu sammeln, wäre also in erster Linie der Hausarzt zuständig, weniger Klinik und Sanatorium. Ich habe mich bemüht, meine Hypertoniker in ihrem ganzen Krankheitsverlauf zu betrachten. Freilich waren nicht selten die häuslichen Blutdruckwerte nicht zu erhalten. Auf die Angaben der Patienten, die die Werte häufig nicht richtig erfahren, war kein Verlaß.

Einige Werte aus den verschiedensten Jahren zeigen den Ablauf in seinen wesentlichen Schwankungen; es wurden in Tabelle 2 (S. 35) nur solche Kranke gesetzt, bei denen an bisheriger Diät oder medikamentöser Behandlung im Kurort keine grundsätzlichen Änderungen vorgenommen wurden, die außer der klimatischen im Kurort keine zusätzliche neue Behandlung erhielten (also auch keine eingreifenden hydrotherapeutischen Anwendungen), und die entweder aus der

Tabelle 2. (Erläuterung im Text.)

Name, Alter, Geschlecht	RR: vor klimatischer Kur	Bei Ankunft	2. oder 3. Tag	Entlassung[1]	Kurdauer
A. W., 61, w.	240/160 NaCl-frei 180/120	240/105	205/105	150/100	43 Tg.
A. S., 62, w.	180/90	200/90	170/80	150/90	28 Tg.
C. M., 52, m.	195	180/130	180/120	140/100	6 Wo.
Dr. H., 55, m.	210/140 NaCl-frei 160/115	205/135	190/130	170/130	5 Wo.
F. M., 51, m.,	250/130 Klinik Bettr. 165/95 NaCl-frei	210/110	190/110	170/100	22 Tg.
A. O., 56, m.	165/105 NaCl-frei 135/82	180/85	160/105	150/90	12 Tg. (Nach zu starker Belastung 125/90)
F. Sch., 66, m.	210/110 NaCl-frei 175/90	220/110	165/90	155/90	15 Tg.
E. M., 55, w.	220/140	270/130	230/120	220/110	28 Tg.
H. R., 63, w.	unbekannt	240/120	190/110	180/110	19 Tg. (anschl. Kissingen): 220/110 bis 170/100
M. C., 72, w.	250 seit 25 J. hoher RR	270/140	230/140	200/120	4 Wo.
I. R., 57, m.	185	220/110	190/110	180/95	5 Wo.
E. Z., 42, m.	170/110	200/130	170/110	160/90	2½ Mo. (nach 6 Wo. Hochgeb. 170/100)
P. K., 56, m.	180/140	215/115	180/95	160/105	4 Wo.

[1] Auch der Entlassungsblutdruckwert soll bei vollkommener Entspannung gewonnen werden, ehe „Reisefieber" usw. einsetzt.

Ruhe des Krankenhauses oder aus einem häuslichen Milieu kamen, bei dem anstrengende Arbeit usw., gewöhnlich bei Bettruhe, auch ausgeschaltet war.

Tabelle 3 (S. 36/37) ergibt bei Fällen von rotem Hochdruck in einem Jahr den Verlauf der Blutdruckwerte; sie ist unterteilt in Fälle, (A) die ohne strenge Diät bisher lebten, auf salzlose Kost (einschließlich Saftfasten) umgesetzt wurden,

Tabelle 3A. Zu Hause keine Diät, im Sanatorium NaCl-frei.
(Endwert der NaCl-Ausscheidung unter 2 g.)[1]

Name, Alter, Geschlecht, Aufenthalt	RR: zu Hause	Bei Ankunft	2. Tag	Mittelwert	Schlußwert
E. H., 53, m., 4 Wochen Hypertension anfallsweise mit Vorhofflimmern	erhöht ohne nähere Angabe	220/120	180/110	170/110	165/110
			(körperlich gut leistungsfähig, keine Beschwerden, Dauererfolg)		
G. B., 58, m., 4 Wochen Zentr. Gefäßspasmen	bis 260	240/170	220/150	185/110	180/105
			(körperlich und psychisch sehr gebessert)		
M. Kl., 60, m., 3 Wochen starker Kopfdruck	unbekannt	200/100			150/85
			(vollkommen berufsfähig, ohne Beschw. Dauererfolg)		
A. O., 60, m., 5 Wochen alte Apoplexie, mäßige Herzschwäche	1928 schon hoher RR	275/160	250/140	250/140	230/140
			(Herz kompensiert; Dauererfolg)		
E. Schl., 66, m., 3 Wochen Gefäßspasmen	seit Jahren um 200	220/85	200/85	170/90	160/90
			(Wohlbefinden und voll leistungsfähig; Dauererfolg.)		
H. Br., 69, m., 3 Wochen Angina pectoris	190/200	195/100	160/105	150/100	140/95
			(keine Beschwerden mehr; Dauererfolg)		
I. F., 54, w., 5 Wochen Angina pectoris	—	270/140	230/130	255/130	210/110
			(Herzmuskel kompensiert. Noch geringer Kopfdruck)		
G. H., 45, w., 6 Wochen Migräne	unbekannt	270/130	270/130	210/120[2]	200/110
			(bei Migräne.) (Kopfschmerzen viel seltener, zu Hause wieder Kopfschmerzen, Diät nicht beibehalten)		
E. Sch., 48, w., 3 Monate apopl. Insult	250	250/150	220/140	210/120	200/100
			(Lähmung zurückgegangen; kein Schwindel mehr)		
A. K., 47, m., 4 Wochen Apoplexie	290/180	300/180	245/145	230/120	220/110
			(kein Druck am Herzen mehr, viel frischer; Dauererfolg)		
I. R., 59, m., 7 Wochen Herzinsuffizienz u. Angina pectoris	sehr hoch	250/150	230/130	230/130	260/130
			(Herzmuskel bei Entlassung kompensiert; keine anginösen Beschwerden mehr. Steigen des Blutdrucks bei besserer Herzkraft und auch psychogen. Ein Emotionswert: 270/130! Dauererfolg)		
A. R., 50, w., 4 Wochen Cerebralspasmen	220/120	210/110	210/130	190/120	180/110
			(sehr selten Kopfschmerzen, kein Schwindel mehr)		
A. Schw., 52, m. Angina pectoris	unbekannt	200/120	170/100	150/100	140/95
			(kein Herzdruck mehr; Dauererfolg)		

[1] Vgl. Fußnote S. 40. [2] Entlassungs-NaCl-Wert (2,8 g)!

Tabelle 3B. Ohne strenge Diät (= „salzarme" Kost).[1]

Name, Alter, Geschlecht, Aufenthalt	RR: zu Hause	Bei Ankunft	2. Tag	Mittelwert	Schlußwert
C. R., 57, m., 4 Wochen Coronarinsuffizienz	190/130	200/120	200/120	200/105	200/105 (erheblich gebessert)
P. B., 65, w., 3 Monate ambulant Cerebralspasmen	seit 10 J. erhöht	schon 1 Wo. im Kurort	220/105	190/90	170/90 (kein Schwindel, kein Ohrensausen mehr)
G. Bl., 53, w., 5 Wochen leichte anginöse Beschwerden	170—200	190/90	155/90	145/90	140/80 (keinerlei anginöse Beschwerden mehr)
L. W., 45, m., 5 Wochen neurasthenische Symptome	190	200/130	180/120	180/115	170/90 (subjektiv beschwerdefrei; arbeitsfreudig)
A. P., 58, w., 2¹/₂ Wochen leichte Angina pectoris	vor 2 J. 180	220/120	160/100	150/100	145/80 (gute körperliche Leistungsfähigkeit; psychisch freier)
Fr. Gr., 62, w., 28 Tage Schwindelanfälle	140—180	200/90	170/80	160/90	150/90 (kein Schwindel mehr)
C. B., 55, w., 4 Wochen leichte Angina pectoris	seit Jahren erhöht	180/110	160/105	150/100	145/100 (kein Kopfdruck; kein Ohrensausen und Herzdruck mehr)
G. T., 37, m., 3¹/₂ Wochen Angina pectoris	Belast./Ruhe 170—220	220/120	185/120	170/110	160/110 (wesentlich weniger anginöse Beschwerden)
H. M., 59, m., 1 Monat cerebr. Angiospasmen	190/120	180/120	180/100	170/90	160/90 (subjektiv beschwerdefrei; keine Herzschwäche mehr; Dauererfolg)

Tabelle 3C. NaCl-frei vorbehandelt (Kochsalzausscheidung unter 2 g tgl.).[1]

Name, Alter, Geschlecht, Aufenthalt	RR: zu Hause	Bei Ankunft	2. Tag	Mittelwert	Schlußwert
L. C., 47, m., 12 Tage Hypertension	185/100	210/130	200/120	190/110	180/100 (keine anginösen Beschwerden mehr)
G. E., 65, m., 5 Wochen Myokardsch. Angina pectoris	höhere RR-Werte	185/105	180/100	160/90	140/80 (Herz kompensiert; keine anginösen Beschwerden mehr; Dauererfolg)
C. F., 61, m., 3 Wochen Angina pectoris	um 200	185/90	165/90	165/90	160/90 (beschwerdefrei)
A. W., 63, w., 2¹/₂ Monate Cerebralspasmen	seit 20 J. Hypertens.	210/90		170/90	160/90 (kein Schwindel mehr; Dauererfolg)
B. N., 52, w. Apoplexie (vor 3 Jahren)	Werte zwischen 255/140 bis 215/110	260/140	230/140	225/110	220/100 (kein Kopfdruck; Besserung der alten Apoplexie; Dauererfolg)
P. N., 48, m. Angina pectoris	215/140	195/130	190/130	170/120	165/105 (subjektiv beschwerdefrei; keine anginösen Beschwerden mehr)
W. F., 50, m., 4 Wochen Menière Ekg: Coronarinsuffizienz	I. Aufnahme 195/110	210/90	—	160/90	145/80 14 Tage
	II. Aufnahme 180/100	200/80	155/80	150/80	145/80 15 Tage (subjektiv beschwerdefrei; keine Schwindelanfälle; nervöse Erregbarkeit geringer)

[1] Vgl. Fußnote S. 40.

(B) die keine streng salzlose Kost erhielten. [Eine Umstellung von häusliche salzloser Kost auf Normalkost im Kurort fand nicht statt], (C) die, wie bisher salzols lebten.

Tabelle 4 (S. 38) gibt, aus den verschiedensten Jahren wahllos herausgezogen, Anfangs- und Schlußwerte von 60 Kranken mit erhöhtem Blutdruck wieder. Wenn auch aus den Anfangswerten die soeben besprochene anfängliche Steigerung nicht eliminiert ist, so ergibt diese Übersicht doch einen guten Überblick über den *Ablauf der Blutdruckwerte unter den komplexen Heilfaktoren des Kurortes.*

Tabelle 4. (Erklärung im Text.)
(A = Aufnahmewert; B = Aufenthaltstage; C = Entlassungswert.)

A	B	C	A	B	C	A	B	C
1925/26			*1930/31*			*1937/38*		
180	26	160	230/120	21	185/100	220/130	30	170/105
180	24	160	220/120	28	170/90	220/115	40	185/90
220	35	170	190	27	180	195/120	28	155/95
220	24	200	240	31	165	240/100	24	180/120
265	43	190	200	14	170	170/90	17	155/90
170	15	145	200	51	180	220/110	21	190/100
220	21	140	220	17	180	250/130	21	220/120
190	19	145	270	22	200	180/105	25	150/100
						210/110	29	160/85
1927/28						170/115	21	135/85
160/80	32	130/80	*1934/35*			220/120	29	175/120
190	50	150	200/130	70	160/110	180/100	29	145/90
270	27	210	210/140	11	180/110	230/120	17	180/105
265/120	18	200/100	180/110	23	145/100	230/150	27	210/120
170/70	35	145/70	215/115	28	180/105	260/120	24	195/110
200	14	180	230/120	30	150/100	190/90	33	145/90
220	40	160	160/110	19	140/90	190/110	19	150/100
			200/100	28	170/90	170/90	24	120/80
1929			190/100	20	175/105			
220/120	14	220	250/120	28	180/100			
250/70	20	210/70	260/100	28	210/100			
200/130	60	150/100	215/110	19	190/120			
(1 Jahr später)			270/130	24	215/110			
170/100	42	170/100	200/100	28	170/80			
220/130	12	170/120	230/120	16	180/90			

Auf Grund all meiner Beobachtungen beim Hypertoniker im Kurort, von denen die gebrachten Tabellen nur einen unvollständigen Ausschnitt geben könden, gilt für den Verlauf der Blutdruckwerte folgendes: Beim *Aufsuchen des Kurortes* kommt es zunächst zu einem starken *Anstieg der Blutdruckwerte,* der stärker ist als ein solcher nach Milieuwechsel usw., bzw. der Abfall zur nächsten Messung ist größer als der, welcher durch die Ruhe der Nacht usw. zu erwarten wäre. Die Differenzen zwischen Heimatwert bzw. den Werten schon nach wenigen Tagen im Kurort und den Werten am Aufnahmetag (die übrigens gewöhnlich auch erst nach einigen Stunden der Entspannung und unter der Ablenkung eines Gesprächs genommen wurden) sind jedenfalls auffallend. Eine Arbeit von MARTINI über die kochsalzfreie Kost bei Hochdruckkranken zeigt u. a. in Tabelle 2, wie im allgemeinen der Blutdruck im Krankenhaus sinkt; die Differenzen zwischen Aufnahmewert und einem Wert in den nächsten 5 Tagen waren: + 10 — 20 + 10 — 20 — 30 — 15 — 5 — 25 — 10; nur einer dieser Werte war größer als 20 mm Hg; zufällig konnte ich diese Patientin beobachten, eine sehr psycholabile Frau mit ständigen Blutdruckschwankungen, und MARTINI gibt an: „Blutdruck nach Bahnfahrt gemessen". Nur ganz vereinzelt sahen wir bei der zweiten Messung ein weiteres Ansteigen des Blutdrucks, psychisch bedingt durch starkes Heimweh bei einer Cerebralarteriosklerotikerin, durch schlechten Schlaf infolge Störung usw. Meine Tabellen zeigen im Vergleich mit denen von MARTINI wesentlich größere *Differenzen zwischen Ankunftswert und dem am nächsten Tag*, und ich möchte annehmen, daß dem *Klimawechsel* an sich eine gewisse Rolle bei dieser *Übergangsblutdrucksteigerung* zukommt. Diese Steigerung ist beim systolischen Wert viel augenscheinlicher als beim diastolischen. Es wäre naheliegend, in ihr eine Gefahr zu erblicken. Wenn ich auch keine mit ihr verbundenen Nachteile beobachten konnte, so mahnt sie jedenfalls zur Vorsicht, zu entsprechendem Verhalten an den ersten Tagen im Kurort. Exzessive Werte (über 250 mm Hg) sinken gewöhnlich schnell. In vereinzelten Fällen ist auch am nächsten Tag eine vorübergehende Blutdrucksenkung festzustellen, die mitbedingt ist durch die Übermüdung durch die Reise; solche Beobachtungen zeigen, wie kritisch jeder einzelne Blutdruckwert zu verwerten ist.

Beispiel: E. W. 63 J., w., A. Nr. 158/1931, 3. VI. abends nach Ankunft von Berlin: 230 mm Hg RR; am nächsten Morgen 190. 6. VI.: 210; 16. VI.: 170 (nach anstrengendem Spaziergang); 25. VI.: 220; 4. VII.: 220. Es handelt sich um einen fixierten Hochdruck um 220—210 systolisch; die niedrigen Werte sind Zeichen der Kreislaufschwäche.

Wie auch die verschiedensten Tabellen zeigen, sinken die Blutdruckwerte im Laufe der klimatischen Kur beträchtlich, vor allem die systolischen, die auch besonders auf den Klima- und Milieuwechsel reagiert hatten, aber auch die diastolischen. Die *Entlassungswerte* lagen fast ausschließlich, zum Teil *beträchtlich unter den vorausgegangenen Heimatwerten*. Nur wenn ein Krankenhausaufenthalt mit strenger Ruhe und Saftfasten vorausgegangen war, war in einigen Fällen (vgl. Tabelle 2) der Endwert der vorausgegangenen Therapie noch nicht wieder erreicht, besonders bei kurzem Aufenthalt im Kurort. Das Ziel der klimatischen Therapie, den Kranken steigend mit körperlicher Betätigung zu belasten, erklärt zwanglos einen etwaigen höheren Wert im Kurort gegen die Ruhetherapie in der städtischen Klinik. Ich habe davon Abstand genommen, mit Hilfe von Mittelwerten oder Korrelationskoeffizienten in Tabelle 3 die Untergruppen 3A, 3B und 3C zu vergleichen. Einmal war es nicht möglich, bei sämtlichen Kranken ständig die Kochsalzausscheidung zu kontrollieren, das einzige sichere Kriterium der streng eingehaltenen Kost, und viele Kranken essen heimlich, wenn auch nur Kleinigkeiten (besonders beliebt, aber die Kost störend sind: Wurst und Käse, die auf dem Zimmer gehalten werden, und Kuchen im Ort). Und vor allem enthalten ja die Werte aller Tabellen die psychologische Kurortwirkung. Zwar wiesen wir schon darauf hin, daß auch Kranke aus ruhigem heimischem Milieu sichtbare Blutdrucksenkungen im Kurort zeigten, aber der Kurortzauber mit seinen lustbetonten Eindrücken wirkt auch auf sie, und die Psychagogie des Kurarztes, dessen Aufgabe es mit ist, die übertriebene Angst vor der Blutdruckkrankheit zu bannen, hilft mit. Ein zu häufiges (mehrmal tägliches) Messen des Blutdrucks wirkt sich nicht selten als iatrogene Schädigung aus. Eine planmäßige sachgemäße Tiefatmungsbehandlung der Hypertonie ist zwar nicht ihr Heilmittel, aber sicher wertvoll, und die entspannende Wirkung einer guten Gymnastik wirkt vor allem psychisch, weniger körperlich, auf den Blutdruckkranken ein. Der *Einfluß* einer etwaigen *medikamentösen Therapie* ist zu vernachlässigen. Der Wert einer solchen auf die Blutdruckwerte ist durchaus problematisch (MARTINI, KAMPMANN u. a.); außer leichten Beruhigungsmitteln geben wir Theominal. Der Einfluß der Alkohol- und Nicotinentziehung bzw. -beschränkung (während des Krankenhaus- und Sanatoriumsaufenthaltes strenger durchgeführt als in der freien Kurortbehandlung) auf die Besserung einer Hypertonie ist nicht zu unterschätzen, wird aber im Schrifttum kaum erwähnt.

Jedenfalls ergibt die Durchsicht aller drei Gruppen der Tabelle 3, daß im Laufe der Behandlung im Kurort beträchtliche Blutdrucksenkungen eintraten. Fälle, bei denen die eine Kostform nur vorübergehend verabreicht wurde, wurden bei der eingereiht, die am längsten gegeben wurde. Der Vergleich von 3 A mit 3 B ergab in toto eine stärkere Senkung bei der strengen Kost; man muß auch bedenken, daß vor allem die ernstlich Kranken zur streng salzlosen Kost gezwungen wurden, während bei mehr psychisch bedingten Hochdruckwerten unter Umständen Konzessionen zu machen sind, so daß das Krankengut beider Gruppen nicht ganz vergleichbar ist. Durch die klinischen Erfahrungen von VOLHARD und von MARTINI ist der Wert der *NaCl-freien Kost* bei Hypertonie erwiesen; diese Diät ist *die Dauerbehandlung des Hochdrucks*[1]. Wir selbst verordnen sie planmäßig seit 1931, nachdem sie schon früher in einzelnen Fällen gegeben worden war, und möchten sie nicht mehr missen. Sehr eindrucksvoll war für mich, daß bei meinen *ortsansässigen ambulanten Patienten* mit Hochdruck jedesmal eine sichtliche *Besserung des Allgemeinbefindens* und *Rückgang des erhöhten Blutdruckwertes* eintrat, sobald die *Kost* NaCl *frei* gestaltet wurde; dabei waren die sonstige Therapie und die Lebensweise dieselbe geblieben. Im Kurort widerstreben die Kranken ihr häufiger als in der Klinik, wohin sie viel entsagungsvoller an sich kommen; nach meiner Beobachtung gewöhnen sich besonders Raucher schlecht an die Kost. Unter den streng kochsalzfrei gehaltenen Kranken befanden sich durchschnittlich die kränkeren, und wer sich der Diät unterwirft, lebt auch sonst kurgemäßer. Die Altersformen des Hochdrucks bedürfen meines Erachtens am wenigsten die salzlose Kost und vertragen sie, in allerdings nur seltenen Fällen, auch nicht. Dagegen sollten vor allem Kreislaufkranke, die erblich belastet oder beruflich usw. sehr angestrengt sind, salzlos leben, desgleichen besondere *Mäßigung* im *Alkohol- und Tabakgenuß* einhalten; auch hier liegen wichtige *erzieherische Aufgaben des Arztes im Kurort*. Bei juvenilen essentiellen Hypertonikern, die auch klimatisch wenig ansprechen, wirkt auch die NaCl-freie Kost auffallend gering im Sinne einer Blutdrucksenkung ein. Da sie bei solchen Hypertonikern fast immer versagt, bei denen der Hochdruck die Folge einer stärkeren psychischen Veränderung ist (einer ins Psychotische gehenden Wesensveränderung, nicht zu verwechseln mit den schwankenden Blutdruckwerten vasolabiler Menschen), spricht auch diese Beobachtung für die starke ständige psychische Spannung bei der Genese des Jugendhochdrucks. So anerkennenswert die Bemühungen um eine gute Diätorganisation in den Kurorten

---

[1] Bei genauer Einhaltung der Kost sollen im Tagesharn nicht mehr als 0,5—1 g NaCl ausgeschieden werden. In meinen Tabellen werden alle Kranke noch als praktisch NaCl-frei geführt, die unter 2 g ausscheiden, weil bei der Kürze des Kuraufenthaltes bei manchen Kranken die Entsalzung nicht ganz durchgeführt werden konnte.

sind (WESKOTT), die Durchführung einer salzfreien Kost, die vielfach mit einer alles andere als NaCl-freien vegetarischen verwechselt wird, liegt hier noch recht im argen; auch die tiefschürfenden einschlägigen Abschnitte des VOGTschen Lehrbuches gehen auf die Bedeutung der NaCl-freien Kost für die Behandlung der Kreislaufkranken, besonders im Kurort, nicht ein, und selbst GRUNDIG spricht nur von „salzarmer" Kost[1]. Der Rückgang der Blutdruckwerte geht häufig, nicht immer mit der bereits besprochenen Besserung des Allgemeinbefindens einher. Bei Kranken, die wir in die Gruppe des fixierten Hochdrucks verweisen können, kommt es häufig auch zu der erwähnten Anfangsteigung, die dann in wenigen Tagen prompt absinkt; dann bleiben die Werte aber konstant, obwohl nicht selten eine sichtbare subjektive Besserung mit erhöhter objektiver Leistungsfähigkeit eintritt. Bisweilen sieht man, ohne den sicheren Nachweis einer vorausgegangenen, durch Herzschwäche bedingten Blutdrucksenkung im Laufe der Kur bei strenger Einhaltung der Kost und zunehmender Entsalzung ein Ansteigen der Blutdruckwerte:

W. W. 55jähriger Mann, mit rotem Hochdruck und anginösen Störungen; starke neurasthenische Komponente. I. Kur: RR von 200/115 sinkt bei gutem Erfolg auf 180/105. II. Kur: RR von 220/120 auf 180/100. III. Kur: 250/140 auf 190/100. IV. Kur (nach 4 Monaten). Bei der Aufnahme müder, aber keine sichere Herzschwäche vorausgegangen; Ekg gegen früher unverändert, RR 180/110; Kochsalzausscheidung: Geht von anfänglich 3,08 auf 2,8 und nach 3 Wochen auf 1,46 g zurück. Unter 6wöchiger klimatischer Behandlung und Strophanthinbehandlung beste Erholung; Blutdruckwerte steigen dabei (Werte in 3—7tägigen Intervallen: 200/130; 210/120; 200/100; 240/120; 200/100; 220/120; 220/110); Bericht nach 3 Monaten: Gutes Befinden; Blutdruck um 200.

Im allgemeinen ist die Prognose quoad vitam nicht allein aus dem guten Erfolg der Kurortbehandlung abzulesen; vor allem gibt ein geringer Rückgang der diastolischen Werte zu bedenken. Bei zahlreichen Kranken, darunter solchen, die regelmäßig kamen, änderten sich die Blutdruckwerte im Laufe der Kur kaum, aber das *subjektive Befinden und die objektive Leistungsfähigkeit besserten sich erheblich*. Die am Schluß der Kur gesenkten Blutdruckwerte steigen zu Hause vielfach wieder an; das subjektiv bessere Befinden hält aber weiter an. Einen *nachhaltig günstigen Wert der klimatischen Kuren* auf die Dauer trotz wenig veränderter Blutdruckwerte bestätigt auch NONNENBRUCH. Leichte Formen von Hypertonie scheinen nach einer längeren klimatischen Kur sich endgültig zu bessern oder gar mitunter auszuheilen. Ich kenne unter meinen alten Patienten viele, die in späteren Jahren mit niederen Blutdruckwerten kamen (auch unter Ausschaltung des Umstandes, daß bei wiederholter Kur die klimatische, vor allem die psychische Anpassung viel leichter ist, wodurch der anfängliche Wert niedriger sein könnte). Es besteht auch eine jahreszeitliche Schwankung der Blutdruckhöhe in mäßigem Grade (HOPMANN); die von Februar bis Oktober gleichmäßig sinkende Blutdruckhöhe steigt in den Wintermonaten an (Kälteeinwirkungen?). Es ist selbstverständlich, daß die klimatische Behandlung an sich, Verlauf und Prognose der Hochdruckkrankheit sehr weitgehend von der Beschaffenheit des Herzens und der Gefäße, insbesondere der Herz- und Hirngefäße,

---

[1] Wenn W. SCHULZE (Bad Nauheim) sich mit einer NaCl-*armen* Kost im Kurort begnügt, weil zu Hause die Kochsalzentziehung doch nicht beibehalten wird, so ist diesem Standpunkt nicht beizupflichten.

abhängt. Was die klimatische Behandlung der cerebralen Arteriosklerose anbetrifft, so wies ich schon auf S. 34 darauf hin, daß Hypertoniker mit ausgesprochen progredienten cerebralen Komplikationen klimatisch wenig ansprechbar sind. Das gilt besonders für solche Formen der cerebralen Gefäßstörungen, bei denen die Psyche stärker verändert ist — bei Übergang zu ausgesprochen psychotischen Formen. Leichtere Kranke mit *cerebralspastischen Erscheinungen* erholen sich durchweg sehr gut, auch der *Rückgang* vieler durch diese Störungen bedingter *subjektiver Beschwerden* wurde schon erwähnt. Wir haben viele Patienten nach *Schlaganfällen* gesehen. Die häufig beobachtete Besserung der Lähmungen ist sicher hauptsächlich systematischer physikalischer Behandlung zuzuschreiben, aber günstige klimatische Einflüsse erleichtern diese. Unter einem sicher nicht kleinen Krankengut an gefäßgefährdeten, älteren Menschen sahen wir im *Kurort* nur sechsmal das *Auftreten eines frischen apoplektischen Insults.* Der eine Kranke bekam ihn kurz vor der Ankunft auf der Reise, im zweiten Falle hatte der Kranke ärztlich nicht verordnete künstliche CO_2-Bäder genommen, bei den anderen muß der Eintritt des Anfalls schicksalhaft gedeutet werden; ein Zusammenhang mit der klimatischen oder physikalischen Behandlung bestand ebensowenig wie mit Wetterwirkungen. Es spricht (nach STAEHELIN und LOEFFLER) nichts dafür, daß selbst Hochgebirgsaufenthalt den Eintritt einer Apoplexie begünstige. Die geschilderten klimatischen Reaktionen im Anfang des Aufenthalts, bemerkbar sowohl in der subjektiven Sphäre wie in der Blutdrucksteigerung usw., erfordern eine *anfänglich langsame klimatische Dosierung.* Bei nicht ganz ausgeglichenem Kreislauf und bei ernstlichen anginösen Erscheinungen beginne man mit Bettruhe, gefolgt dann erst von dosierter Freiluftliegekur. Auch kardial, cerebral und renal gut kompensierte Hypertoniker darf man keinesfalls wie gesunde Menschen im Kurort betrachten; die eingangs geforderte und geschilderte ärztliche Kontrolle muß sorgfältig durchgeführt werden. Treten aber keine nachteiligen Reaktionen ein, so erlaube man langsam steigend stärkere körperliche Belastungen. Die Hypertoniker vertragen unter günstigen klimatischen Verhältnissen auch sehr gut Sport, Gymnastik, vor allem bei leichter Kleidung, am besten im Luftbad. Hier erzeugen nicht nur die die nackte Haut treffenden Luftreize erfrischende und die Ermüdung hinhaltende Lustgefühle, sondern der Wärmehaushalt wird in seiner Arbeit erleichtert und die Erkältungsgefahr wird herabgesetzt. Es ist erstaunlich, zu welchen Leistungen man luftungewohnte, oft hypochondrisch verschüchterte Hypertoniker führen kann; das Mitwirken des Arztes bei der *Gymnastik* ist nicht nur psychologisch und prophylaktisch, sondern oft auch diagnostisch wertvoll. Das ärztlich geleitete morgendliche Turnen der alten Wasserheilanstalt[1] hat LAMPERT durch seine Homburger Frühgymnastik in die Kurortbehandlung eingeführt. Das örtliche Klima zusammen mit dem vermehrten Freiluftgenuß kann aber plötzlich, besonders beim Einbruch oder der Vorherrschaft erfrischender Luftkörper (besonders polar-maritimer), stark euphorisieren, beinahe rauschähnliche Kraftgefühle erzeugen, die zu gesteigerten Leistungen führen. Bei solchen überspannten Belastungen kann eine auffallende nachfolgende

---

[1] Mein Vater, Dr. HUGO AMELUNG, hat schon vor fast 50 Jahren in seiner „Wasserheil-anstalt" morgens in der Frühe mit seinen Kranken im Garten oder Luftbad gymnastische Übungen durchgeführt; er hat mit zuerst die Freiluftliegekur auch bei anderen Kranken als Lungentuberkulösen systematisch angewandt.

Blutdrucksenkung schon vor den subjektiven Beschwerden auftreten, während eine Blutdrucksteigerung eher als physiologisch anzusehen ist. Auch kurz anhaltende Arrhythmien sah ich in solchen Situationen, eine zu besonderer Vorsicht mahnende Beobachtung. Grundsätzlich ist *bei allen Hypertonikern* im Kurort auf die notwendigen *Ruhepausen* zu achten; nicht nur nach Bädern, Massagen, sondern auch nach jeder Wanderung; auf eine als Freiluftliegekur durchgeführte Mittagsruhe sollte nicht verzichtet werden. Die bekannten diätetischen Schontage (Obst-, Saft-, Reis-Obsttage) usw. sind auch als körperliche Ruhetage wertvoll; längeres Saftfasten ist bei Hochdruckkranken nur ohne körperliche Belastung (mit Liegen im Freien) angezeigt. Dürfen *Hypertoniker Sonnenbäder* nehmen? Diese Frage kann nicht generell entschieden werden. Zunächst ist der chronische Hypertoniker ohne Komplikationen nicht so wetterempfindlich, wie vielfach angenommen; er reagiert am ehesten auf Schwüle, aber auch auf starke Winde, verträgt dagegen auffallend gut warmes, trockenes Wetter. Der Hypertoniker wird dann unter den bekannten Regeln der Heliotherapie Sonnenbäder nehmen dürfen, wenn er nicht nur den Kopf schützt und auch am übrigen Körper keine Wärmestauung zuläßt (also nicht angekleidet in der Sonne liegt), sondern vor allem dort die Bäder durchführt, wo die lokalklimatischen Bedingungen für das Entstehen leichter abkühlender Windreize gegeben sind. Unsere Hauttemperaturmessungen im Luftbad zeigten beim Hypertoniker keine Abweichungen. Die planmäßige Freiluftliegekur ist in der Hypertoniebehandlung eine der wichtigsten klimatischen Verordnungen (täglich mindestens 4 Stunden).

Die Klimawirkung des Hochgebirges ist für den Herz- und Gefäßkranken immer eine Übungsbehandlung; sie scheidet deshalb aus, sobald nur eine reine Schonungs- und Ruhebehandlung in Frage kommt, also bei insuffizientem Herzmuskel- und Coronarkreislauf. Die Klimatherapie der echten Angina pectoris wird noch besonders zu besprechen sein; die der *Herzdekompensation* ist im Mittelgebirge zunächst beinahe nur eine *Transportfrage*; d. h. auch ein Schwerherzkranker kann sich im Mittelgebirge unbedenklich aufhalten, wenn er die Reise dorthin gut übersteht. Viele der dem „zu starken" Klima zugeschriebenen Mißerfolge und Rückschläge sind Folgen einer falsch organisierten Reise, die entweder zu früh, zu lange oder mit dem falschen Transportmittel geschah. Eine längere Eisenbahnfahrt ist unbedenklicher als eine entsprechende mit dem Auto. Es wird zu leicht vergessen, daß ein krankes Organ auf jede Art langanhaltender Erschütterung sehr ansprechbar ist; ich verweise auf die Gefahren des Transports bei Bauchschüssen und auf die Tatsache, daß bei Hirnkranken oft nach dem Transport akute Hirndruckerscheinungen auftreten (DE CRINIS); von allen chronischen Kranken neigen die Herzkranken am leichtesten zu dieser oft akut einsetzenden „*Transportreaktion*"[1]. Einer der Vorzüge des deutschen Mittelgebirges ist, daß es zu allen Jahreszeiten leicht und bequem erreichbar ist, daß ein solches fast immer im Heimatgau vieler Kranker liegt oder wenigstens ihm benachbart ist. Abgesehen von Kranken mit vollkommen infauster Prognose, die in unsere Anstalt nur aus äußeren Gründen kamen, weil häusliche Pflege unmöglich und nach städtischer Klinikbehandlung aus psychischen Gründen ein Milieuwechsel not-

---

[1] Der rasch vorübergehende Galopprhythmus war uns oft ein eindrucksvolles Zeichen solcher Reiseübermüdung. Ärzten, die keine Gelegenheit haben, Kranke unmittelbar nach ihrer Ankunft im Kurort zu sehen, entgehen leicht solche Beobachtungen.

wendig war, sahen wir nur dann bei unseren dekompensierten Herzkranken ernstliche Rückschläge, wenn die Reise zu anstrengend war. Im allgemeinen muß die *klimatische Behandlung der ausgesprochenen Herzschwäche* eine *strenge Ruhetherapie* sein. Zunächst Bettruhe mit geöffnetem Fenster, wobei der Blick der Landschaft zugewandt ist; dann Freiluftliegekur auf Balkons, Loggien, Hausliegehallen, je nach Wetterlage; später Liegen im Freien, Gartenliegehalle oder Park, erst bei suffizientem Herz Übergang zu kleinen Spaziergängen. Mit der klimatischen Ruhebehandlung geht die medikamentöse und diätetische Therapie einher. Die geschilderten klimatischen Vorzüge, die erleichterte Atmung, die Einatmung einer reinen und duftstoffreichen Luft, die geringere Belastung des Wärmehaushalts, die schlaffördernden, kühleren Sommernächte bedeuten auch im akuten Stadium der Herzschwäche eine große Schonung des Herzens gegenüber der Ebene, besonders gegenüber der Stadt mit ihren heißen und schwülen Nächten. Diesen Zwang zur körperlichen Ruhe empfinden die Kranken vielfach lästig, welche sich nach den landschaftlichen und geselligen Reizen des Kurorts sehnen. Jede Konzession rächt sich aber hier. Denn die Ruhe ist das Ausschlaggebende in der Behandlung jeder Herzschwäche (v. JAGIĆ).

Und O. MERKELBACH (Basel) möchte ich restlos zustimmen, wenn er für organisch Herzkranke gleich strenge Behandlungskuren, wie z. B. die in Lungenheilstätten, fordert und schreibt: „Ich habe die Überzeugung gewonnen, daß oft organisch Herzkranke viel zu wenig streng, zu wenig konsequent behandelt werden. Vor allem wird die Ruhetherapie nicht durchgeführt. Bei den tuberkulösen Erkrankungen kennen wir die Vorzüge der Ruhe- und der klimatischen Therapie. Es bereitet uns überlegungsgemäß keine Schwierigkeiten mehr, einem Tuberkulösen eine monatelange Kur zu empfehlen. Und die tuberkulösen Patienten selbst wissen, daß sie mit einer Sanatoriumskur versuchen müssen, wieder gesund zu werden. Bei Herzkranken denken wir noch nicht in gleich logischer Konsequenz. Bei Durchführung der Ruhekur besteht am ehesten die Aussicht, daß der prämorbide Zustand wieder erreicht wird. Führen wir diese Ruhetherapie wochen- und monatelang durch, so werden diese einmal organisch herzkrank gewesenen Menschen praktisch wieder vollkommen oder doch weitgehend herzgesund. Vorteilhafterweise sollten diese organisch Herzkranken in einem oder in mehreren Sanatorien oder Badeorten behandelt werden.“

Schon weil die Übersiedlung in den klimatischen Kurort immer eine Belastung bedeutet, ist die bisherige medikamentöse Behandlung usw. jedenfalls beizubehalten. Ich bin mehrmals zu ambulanten Kranken mit nächtlichem Lungenödem gerufen worden, die glaubten, in der „frischeren“ Luft kein Digitalis mehr nehmen zu brauchen oder die salzlose Kost aufgeben zu dürfen. Es scheint mir sicher, daß wir im allgemeinen im Mittelgebirge mit kleineren Dosen Strophanthin auskommen, Digitalis dagegen zwar besser vertragen wird, aber nicht verringert werden kann. Es muß offen bleiben, ob diese pharmakologischen Beobachtungen nur klimatisch bedingt sind, oder ob sie nicht auch mit der körperlichen und seelischen Entspannung zusammenhängen. Es ist bekannt, daß die Wirkung von Arzneimitteln durch klimatische Einflüsse modifiziert werden kann; im Hochgebirge soll Digitalis weniger wirksam sein (LOEWY). Wiederholt habe ich z. B. gesehen, daß der *anderen Wetterlage* die *Strophanthindosis angepaßt* werden mußte.

Beispiel: Um den 2. II. 1940 wird die gealterte kontinentale Luftmasse durch subtropische langsam ersetzt (Wind dreht von NO nach SW; Temperatur steigt, Dampfdruck nimmt zu). Es ist augenscheinlich, daß das Befinden der Herzkranken, besonders solcher an der Grenze der Kompensation, mehr Störungen aufweist. Dieser Wetterumgestaltung entsprechen unter zahlreichen anderen folgende 2 ärztliche Beobachtungen: 65jähriger, ortsansässiger Mann mit rotem Hochdruck, dessen Herz bei einmal wöchentlicher Strophanthingabe von 0,5 mg Kombetin kompensiert und der dabei voll arbeitsfähig ist, hatte am 31. I. seine Injektion erhalten; am 3. II. morgens verlangt er sofortige Einspritzung wegen deutlicher Bewegungsdyspnoe bei gestauter Leber. Der Kranke erhält seit etwa 4 Jahren Strophanthin, lebt unter vollkommen gleichbleibenden äußeren Bedingungen und beobachtet sich exakt. — 58 jähriger Patient mit abklingender feuchter Herzschwäche ist soweit hergestellt, daß er bei 0,35 mg Strophantin, jeden 2. Tag, einen bestimmten ebenen Weg ohne Bewegungsdyspnoe usw. gehen kann; 12 Uhr vormittags Kombetin wie immer; nachmittags 5 Uhr, nach üblichem Spaziergang, deutlich kurzatmig mit länger anhaltender Tachykardie.

Starke Wetterlabilität der Herzkranken muß als *Insuffizienzerscheinung* gewertet werden; es ist bemerkenswert, daß diese Empfindlichkeit besonders gut auf Strophanthin anspricht.

Terrainkuren usw. sind bekannte klimatische Verordnungen bei Herzkranken; die Kleidung wird dabei oft nicht genügend beachtet (z. B. bei warmem Wetter keine Weste), und ein anfängliches Sprechverbot erleichtert das Gehen. Manche gebesserte Herzkranke müssen lernen, den „*toten Punkt*" (WENCKEBACH) beim Gehen zu überwinden; eine weniger psychische als körperliche Hemmung nach etwa 500—1000 m Gehen auf ebener Erde oder 50—100 m Steigung, nach deren Überwindung es ohne Schwierigkeit weitergeht. Im Laufe der Kur sieht man bei Herzkranken oft schlagartige Besserungen. Unzweifelhaft kann bei Eintritt solcher Luftkörper, die sich durch trockene Luft auszeichnen, die Gesamtwasserausscheidung sich bessern, ebenso wie die *Frischluftbehandlung bei insuffizientem Herzen* wirken kann; im allgemeinen sind aber *wetterbedingte Einflüsse auf den Wasserhaushalt* schlecht faßbar. Viel häufiger und sichtbarer tritt ein Umschwung zum Bessern unter der gesamten klimatischen Wirkung einschließlich günstiger psychischer Einflüsse ein; der bisher noch leicht erschöpfbare Kranke erhält neuen Lebensmut, traut sich mehr zu und meistert dann auch die neue Aufgabe. Hier den richtigen Weg zu weisen, Rückschlägen vorzubeugen, ist eine verantwortungsvolle Aufgabe des Kurarztes; auch und erst recht, wenn solche Belastungsproben gut überstanden werden, sollen die Digitalis- (Strophanthin)-Medikation und die NaCl-freie Kost nicht abgebrochen werden. Unter den geschilderten Voraussetzungen kann das insuffiziente Herz das ganze Jahr hindurch im Mittelgebirge behandelt werden. Im Sommer sind die gegen Stadt und Ebene erwähnten schonenden klimatischen Vorzüge besonders hervorzuheben; im Winter werden besonders bei Schnee schon kleine Wege erheblich ermüdender, und jetzt ist besonders die Freiluftliegekur empfehlenswert. Auf das frühe Zu-Bett-gehen der Kreislaufkranken ist zu achten. Im 24-Stunden-Rhythmus zeigt der Phasenwechsel bei Nichtschlafenden einen plötzlichen Umschwung um Mitternacht (KROETZ und MENZEL); im *Vormitternachtsschlaf* wird der Umschwung im Kreislauf von 1—2 Stunden auf 5—6 Stunden verteilt, eine große Schonung für den Herzkranken.

Bei 293, das sind rund *20% meiner Kranken mit Herz- und Gefäßstörungen*, standen schwerere Erscheinungen von *Angina pectoris* (A. p.) im Vordergrund. In dieser Zusammenstellung sind nur diejenigen Patienten aufgeführt, deren anginöse Beschwerden sicher organisch und behandlungsbedürftig waren; nicht mitgerechnet sind solche, die früher an A. p. gelitten hatten, jetzt aber keine anginösen Beschwerden hatten, auch wenn nach Ekg usw. eine einwandfreie Coronarschädigung vorlag. Statistisch nicht erfaßt sind die früher überstandenen

Herzinfarkte, da im Einzelfall mitunter auch das klinische Gesamtbild und Ekg nicht mit Sicherheit die Diagnose ergeben. Nicht nur ist der *Anteil der Männer dreimal so groß*, als der der Frauen, auch das *Krankheitsbild* war bei unseren *männlichen Kranken* durchweg ein *schwereres*. Die Beobachtung entspricht vielen neueren Ergebnissen; z. B. waren (nach JECKELN) im Sektionsgut sechsmal soviel Männer von einem plötzlichen Herztod getroffen als Frauen. Unzweifelhaft spielt bei der Ätiologie das *Nicotin* eine entscheidende Rolle (Schrifttum u. a. bei UHLENBRUCK); von meinen männlichen Kranken mit A. p. waren nur 20% schwache oder Nichtraucher, und diese waren durchweg ältere Menschen. Man darf allerdings nicht in den Fehler verfallen, als „Nichtraucher" solche Personen zu bezeichnen, die erst durch ihre Krankheit das Rauchen aufgaben. In seltenen Fällen schien das Rauchen die alleinige Ursache; dann war bei entsprechendem Verhalten die Prognose besonders günstig, besonders bei dem Fehlen familiärer Belastung. Die vorzeitige Coronarsklerose des 40jährigen Mannes kat exochen als „Raucherherz" zu bezeichnen, wie es KUTSCHERA VON AICHBERGEN tut, halte ich für zu weitgehend. Denn bei meinen Kranken mit A. p. wirkten sicher häufig ätiologisch mit, entsprechend den Beobachtungen bei vielen Fällen roten Hochdrucks, all jene nervösen *Spannungen* und *Rhythmusstörungen des modernen Lebens*, die wir schon eingehend schilderten, zusammen mit *Infekten* und *endogenen Faktoren*. Als letzte sind nicht nur die familiäre Neigung zu Gefäßkrankheiten, sondern meines Erachtens auch hormonale Störungen zu betrachten. Auffallend ist, daß unter meinen weiblichen Patienten mit A. p. keine einzige schwere Raucherin war, während Rhythmusstörungen viel häufiger bei der Nicotinistin sind. Wenn ich bei Raucherinnen Tachykardien, Extrasystolen, vasomotorische Reaktionen mit Herzbeschwerden fand, so waren diese nie der Ausdruck einer einwandfrei nachweisbaren Coronarsklerose, sondern vielmehr nicht selten thyreotoxisch bedingt. Das Nicotin scheint bei der Frau besonders über die Schilddrüse zu wirken. Dagegen reagieren Frauen auf den Alkohol leichter mit bisweilen unangenehmen Angiospasmen und vorübergehenden Blutdrucksteigerungen; wiederholt sah ich bei solchen Frauen Gefäßkrisen auf den (häufig dann bestrittenen) Alkoholgenuß und ihr endgültiges Wegbleiben bei Alkoholabstinenz; die im Ekg nachweisbare Coronarinsuffizienz verschwand ebenfalls. Sehr selten traten bei Mißbrauch von Barbitursäure- usw. -Präparaten Erscheinungen von Coronarinsuffizienz auf; bei einem depressiven 38jährigen Patienten sahen wir nach 0,5 Medinal an 2 verschiedenen Tagen einen schweren Kollaps; Ekg ergab in I und II ein gesenktes ST-Stück. Wenn auch beim Mann die durchschnittlich stärkere Lebensbelastung das häufigere Befallensein von A. p. erklärt, so bleibt doch die Frage offen, warum die auch schwerlebensbelastete und rauchende Frau nicht mehr zu A. p. neigt. Gerade der jüngere, gehetzte rauchende Mann verfällt der A. p.; die gleichalterige Frau nur selten, auch unter denselben äußeren Bedingungen. Im Schrifttum habe ich über diese Fragen keine Hinweise gefunden (u. a. HOCHSTÄTTER; LICKINT; SINGER). Der Unterschied ist wahrscheinlich innersekretorisch bedingt, und das auffallend gute Ansprechen vieler Männer auf männliche Hormonpräparate spricht in diesem Sinne. Vielleicht ist es so, daß bei Fehlen der hormonalen Steuerung das Nicotin eine größere Selektion für die Kranzgefäße besitzt; es ist auch nicht uninteressant, daß einige meiner Kranken mit A. p., die Nichtraucher waren, angaben, stets nicotinüberempfindlich gewesen zu sein. Einige an sich sehr verdienstvolle, kurärztliche Berichte über die Behandlung der A. p. erwähnen nicht die Bedeutung von Nicotin und Alkohol; gerade aber die *kurärztliche Behandlung* sollte auf die *Genußgifte achten*, da der in freier Kur sich befindende Patient leicht zu Exzessen neigt. Immer wieder habe ich feststellen können, daß solche nicht überwachten ambulanten Kranken bisweilen mehr rauchten als zu Hause.

Die *klimatische Behandlung der A. p.* ist auch noch in solchen Fällen angezeigt, ja sogar erwünscht, in denen eine Badekur noch nicht möglich ist. Als balneologische Kontraindikationen bei der A. p. werden angesehen (ERNST, GRUNDIG, GROEDEL, HERKEL, VOGT u. a.): 1. Die Kombination mit ausgesprochener Herzschwäche, auch schon mit Bewegungsdyspnoe, ebenso Fälle von Galopprhythmus; 2. wenn die Anfälle von A. p. schon in der Ruhe auftreten; 3. wenn die A. p. auf dem Boden einer Hypertonie entstanden ist, aber nur wenn der diastolische Blutdruck auch stark überhöht ist; 4. wenn ein frischer Herzinfarkt vorliegt; ERNST sowie HERKEL empfehlen in solchen Fällen mindestens 3—4 Monate zu warten. MICHAUD weist darauf hin, daß im Mittelgebirge, im Gegensatz zum Hochgebirge, neben dem Herz die innersekretorischen Drüsen, das Nervensystem und die Atmung weniger beansprucht werden, was wieder dem Herzen indirekt zugute kommt. Für die *klimatische Behandlung im Mittelgebirge* können sich einmal durch die *Herzschwäche*, wobei wie schon ausgeführt der Transport schaden kann, und durch die *Frische* eines etwaigen *Herzinfarktes* (s. später) *Gegenanzeigen* ergeben.

Kranke mit *anginösen Beschwerden* sind ausgesprochen *wetterempfindlich*, sowohl für einzelne meteorologische Faktoren als für bestimmte Wetterlagen und deren Wechsel. Ich kann hier die Angaben des Schrifttums (u. a. BELJAJEW, O. SCHMIDT/Prag) ergänzend bestätigen. Man sieht so an einzelnen Tagen eine Häufung verstärkter anginöser Erscheinungen. Freilich ist die Wettereinwirkung fast immer nur eine der mannigfachen Miturachen in der Auslösung des einzelnen Anfalls, neben psychischen Emotionen (die nicht greifbar zu sein brauchen, oft bei sensiblen Menschen nur gedanklich ausgelöst werden), körperlichen Überlastungen, Nicotin- und Alkoholgenuß, Geschlechtsverkehr (besonders ohne anschließende körperliche Entspannung), zu reichlicher Mahlzeit usw. Wie kompliziert die Ätiologie im Einzelfall und wie wichtig ihre Aufklärung sein kann, zeigt folgende Beobachtung: Ich werde zu einem außerhalb der Anstalt wohnenden Hypertoniker gerufen, der an gehäuften Anfällen von A. p. seit Ende der zweiten Woche seines Kuraufenthaltes im Kurort leidet. Da die bisherige Lebenshaltung wie zu Hause eingehalten, bestimmt nicht zuviel gegangen würde und die seit Jahren streng innegehabte salzlose Kost auch in der Pension zu haben sei, müsse das Klima schuld sein. Die NaCl-Bestimmung im Harn, die in der Tagesmenge 7 g ergab, zeigte, daß falsch gekocht und nicht das Klima, sondern die Kost anzuschuldigen war. *Im Kurort* sieht man bis in die dritte Woche hinein *nicht selten* eine *Zunahme der anginösen Beschwerden*. Diese sind teils *durch unzweckmäßiges Verhalten* bedingt, zu schnelles, mehr noch zu langes Gehen, mit ungewohnter Steigung; auch zu stark dosierte hydrotherapeutische Anwendungen können mitspielen. Teilweise werden sie aber *auch rein klimatisch ausgelöst*, durch die Anpassung an das neue, andersartige Klima, auch durch den vermehrten Freiluftgenuß an sich und dann durch meteorologische Einzelfaktoren wie Kälte, Wind,

Sonne usw., denen der Kranke im Kurort ausgesetzt ist. Der Kranke mit A. p. hat überhaupt ein verschlechtertes Adaptionsvermögen an schwankende Wetterlagen. So kommt es, daß er gerade in Übergangsmonaten, wie Oktober/November und März/April, die das thermische Regulationsvermögen des Organismus sehr zu belasten pflegen, vermehrte Beschwerden hat. Man soll deshalb die Kranken beruhigen und zum Ausharren ermahnen, selbst wenn es ihnen in der zweiten Woche schlechter als zu Hause geht. *Die Kälte-A. p.* ist bekannt; sie wird vor allem manifest beim Temperaturwechsel, und schon die Einatmung kalter Luft kann sie auslösen, während z. B. eine winterliche Liegekur im Freien, windgeschützt, i. a. gut vertragen wird und durchaus geeignet ist, die Anfälligkeit für Kälteeinwirkungen herabzusetzen. Wind kann nicht nur im Freien einen Anfall auslösen, sondern unter Umständen auch im geschlossenen Raum.

Beispiel: 26jähriger Patient (nicht in Sanatoriumsbehandlung), mit gut kompensiertem Mitralfehler, macht seine Mittagsruhe in geschlossenem Zimmer, wobei das Bett aus äußeren Gründen in Fensternähe gestellt war. Einbruch eines polarmaritimen Luftkörpers mit Graupelschauer bei Windstärke 7; starker Barometersturz seit der vorhergehenden Nacht; Druckkurve (nach C. Pfeiffer) sehr unruhig. Um 14 Uhr starke anginöse Beschwerden mit hochgradigem Angstgefühl, Tachykardie und anschließenden mehrere Tage anhaltenden subfebrilen Temperaturen. (Blutsenkung normal, keine Leukocytose.) Ekg 4 Stunden später ergibt gegen das vorhergehende Ekg eine verstärkte Senkung von ST_1 und 2 und Abflachung von T_1 und T_2. Am Bett war deutlich das Wehen des Windes zu spüren. Der Anfall wurde meines Erachtens weniger durch den Luftkörperwechsel ausgelöst, als durch die Einwirkung des meteorologischen Einzelfaktors, des Windes, der durch das Fenster hindurch in breiter Angriffsfläche, aber einseitig den Kranken traf. Es mag offen bleiben, ob es sich um einen echten Infarkt gehandelt hat oder um einen stärkeren Angiospasmus; der Kranke war sonst nicht wetterempfindlich. — Eine 33jährige Patientin mit altem kombiniertem Klappenfehler trifft nach Darmresektion im August im Kurort ein (A. N. 368/1940); am nächsten Tag mehrstündige Liegekur bei sonnigem Wetter auf dem Freiluftliegebalkon; keine thermische Belastung, Kopf im Schatten; abends Einsetzen eines Status anginosus, der mehrere Tage anhielt und an Herzinfarkt denken ließ. Nach 2wöchiger Bettruhe und Strophanthinbehandlung erneuter Versuch auf dem Balkon in der Sonne zu liegen; wieder anginöse Beschwerden; nach mehrwöchiger erneuter Bettruhe unter Strophanthinbehandlung wieder Beginn mit Liegekur, die mit abklingender Sonnenwirkung gut vertragen wird. Ausgang in Heilung.

Der Herzinfarkt ist eine immer häufiger werdende Krankheit; wenn er sich in einer „stummen" Region abspielt, so ist er nicht sicher zu diagnostizieren, besonders dann, wenn Temperatur, Blutsenkung und Leukocyten nicht genau verfolgt wurden. Wir betrachten ihn im folgenden im Hinblick auf die einheitliche Genese und die fließenden Übergänge im klinischen Bild im Rahmen der A. p. Es ist naheliegend, daß die besonders psycholabilen Kranken mit A. p., häufig ungeduldige, ebenso bald leichtsinnige wie hypochondrische Menschen, aus der Großstadt in den Kurort gesandt werden, um sie aus dem häuslichen und Berufsmilieu zu entfernen. Der Kurarzt sieht sich Patienten gegenüber, die ein großes therapeutisches Programm verlangen, das ihnen nur schädlich sein kann. Hier darf der Arzt keine Konzessionen machen, besonders wenn auch nur der *Verdacht* besteht, daß eine *progrediente Coronarthrombose* mitspielt oder ein *kürzlicher Herzinfarkt* vorliegt. Liegt wirklich ein solcher noch keine 6 Wochen zurück, so ist unbedingte *Bettruhe* für die an den 6 Wochen noch fehlende Zeit zu fordern; bei ruhiger Wetterlage kann man allmählich die Bettruhe als *Freiluftliegekur* durchführen, ähnlich wie bei der Herzinsuffizienz angegeben, aber langsamer in der Frischluftzufuhr; der Liegestuhl bleibt noch verpönt. Auch bei solchen Kranken, die nach 6wöchiger

Bettruhe von Hause kommen, verlange ich eine Übergangszeit größter Schonung, besonders wenn noch irgendwelche subjektive Beschwerden bestehen. In den ersten 10 Tagen können diese bei großer Ermüdbarkeit vermehrt sein; bei Kranken, die unter Strophanthin standen, NaCl-frei ernährt wurden, dürfen keine therapeutischen Änderungen vorgenommen werden. Vielfach sind aber Kranke mit Herzinfarkt überängstlich, neurotisch geworden; kann man neue Prozesse ausschließen und ist das Herz suffizient, kann man bald ansteigend belasten, wenn die klimatische Anpassung erreicht ist. So sehr man im einzelnen Falle Vorsicht walten lassen muß, ist im anderen durchzugreifen, um den Kranken mit neuem Mut dem Leben wiederzugeben. Das *Ekg* kann *nicht immer entscheiden,* was der Kranke leisten kann.

40jähriger Patient. Vor $3^1/_2$ Monaten Herzinfarkt; bei der Aufnahme im Kurort zunächst vermehrte anginöse Beschwerden mit großer Erschöpfbarkeit — (Ekg I, vgl. Abb. 1a); Blutsenkung usw. normal. 3 Wochen strenge Liegekur, dann langsam steigende Belastung, unter Strophanthinbehandlung (Beginn 0,1 mg Kombetin; steigend auf 0,3) 3 Monate später bei voller körperlicher Leistungsfähigkeit (Ekg II; vgl. Abb. 1b) trotz erheblich gebessertem Befund keine wesentliche Veränderung im Ekg.

Bei stark erschöpften älteren Menschen, auch ohne charakteristische Vorgeschichte oder sonstigem Herzbefund, ergibt das Ekg nicht selten einen alten Infarkt. Die klimatische Behandlung hat dann entsprechend zu dosieren.

Man hört immer wieder von dem *akuten Herztod Kreislaufkranker im Kurort.* Für das Hochgebirge ist wiederholt berichtet worden, daß dort nach zu früh einsetzender Überanstrengung ein Lungenödem oder ein tödlicher Coronarinfarkt eintraten, und STROOMANN sah auf der Bühlerhöhe besonders im Winter bisweilen recht unangenehme Zwischenfälle bei Kranken mit A. p. Ich beobachtete bei 5 Kranken einen akuten Herztod und in 16 Fällen einen sicheren frischen Herzinfarkt, von denen 6 tödlich verliefen, die anderen zum Teil vollständig ausheilten. *Wieweit* sind diese *Zwischenfälle schicksalmäßig* bedingt oder neben anderen Ursachen in *Zusammenhang mit klimatisch-meteorologischen Einflüssen* zu bringen? Die Wetterlage wurde alsbald mit dem Meteorologen und unabhängig von der ersten Feststellung bei Abschluß dieser Arbeit nochmals von anderer Seite überprüft.

Akute Herztode: 1. 59jähriger Mann (kein Sanatoriumspatient). Im Anschluß an Coma diabeticum Kreislaufinsuffizienz mit anginösen Beschwerden; Strophanthinbehandlung; morgens früh im Bett tot aufgefunden (30. VI.); letzte Injektion war 20 Stunden vorher. Obduktion: Schwerste Coronarsklerose. Wettersituation (W.): Bei milden, maritimen Luftkörpern führen warme aufgleitende kontinentale Luftmassen zu geschlossener Bewölkung. 2. 60jähriger Mann. Vor 8 Wochen schwerer Ohnmachtsanfall mit A. p., sich nicht geschont, Beobachtung in Univ.-Klinik: Coronarsklerose, Depression. Nach 14stündiger Eisenbahnfahrt im Kurort. Dort wegen großer Müdigkeit strenge Bettruhe, ohne medikamentöse oder Hydrotherapie. Am 4. Tage des Aufenthaltes (11. III.) plötzlicher Herztod. W.: Polarmaritime Luft auf der Rückseite eines mit seinem Kern in der Nähe der deutschen Küste ostwärts wandernden Tiefdruckgebietes verdrängt bei Schneefällen kontinentale Luft. 3. 58jähriger Mann, klinische Beobachtung: Herzerweiterung mit Coronarsklerose. Keinerlei anginöse Beschwerden. Müde und depressiv. Nach 10tägigem Aufenthalt im Kurort im Anschluß an Gallenkolikanfall gestorben (26. IV.). Obduktion: Schwere verengernde Coronarsklerose mit thrombotischem Verschluß des vorderen absteigenden Astes der linken Kranzarterie. Ausgedehnte Nekrose und Schwielenbildung des linken Ventrikels. W.: Störung von Kaltfrontcharakter. 4. 71jähriger Mann, 5 Wochen vor Aufnahme im Kurort Herzinfarkt; zu Hause keine Bettruhe eingehalten. Im Kurort strenge Liegekur und Strophanthinbehandlung. Am

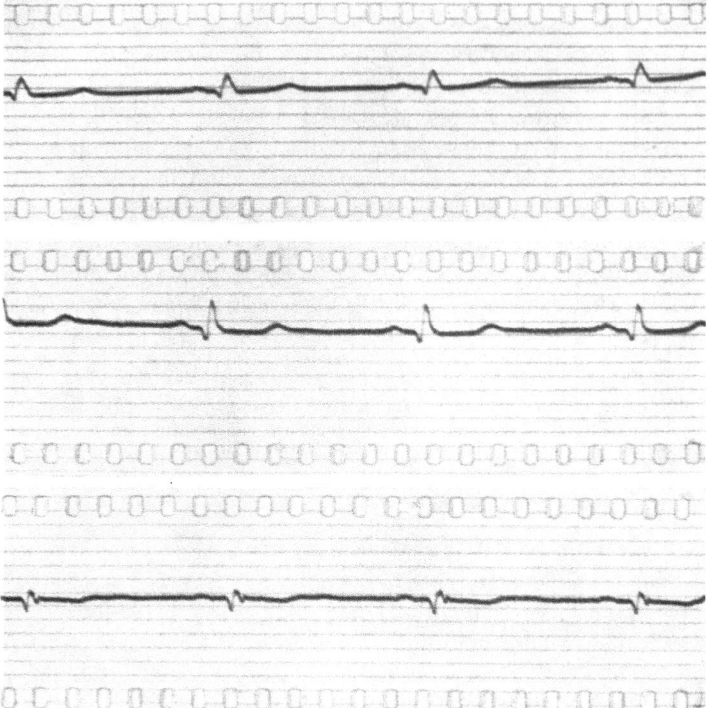

Abb. 1a.

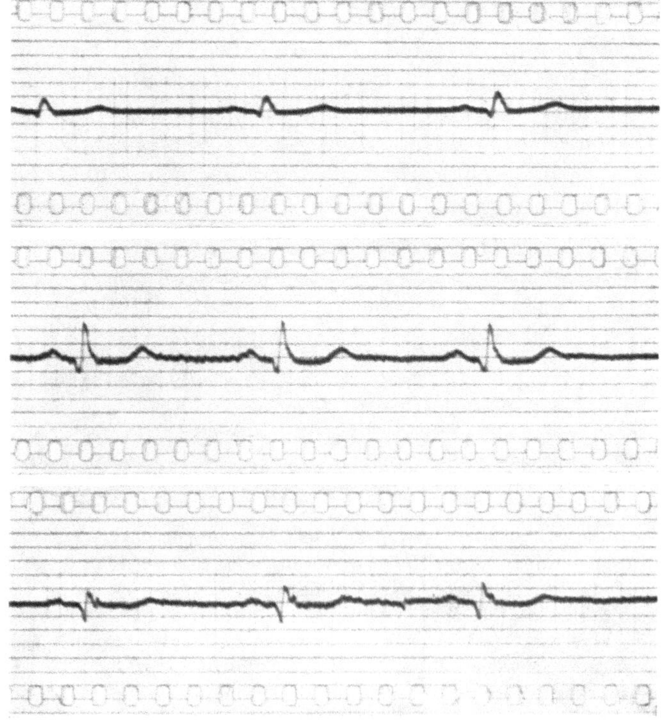

Abb. 1b.

(Erklärung s. S. 49.)

2. IV., 22 Uhr, plötzlicher Herztod im Aufzug, nach abendlichem verbotenen Spaziergang. Letzte Strophanthineinspritzung (0,25 mg) 14 Stunden vor Exitus. W.: K. liegt im Bereich milder Meeresluft; von Südwesten ist eine Störung von Warmfrontcharakter im Anmarsch, die aber erst am nächsten Tag mit Niederschlägen sich bemerkbar macht. 5. 62jähriger Mann, vor 10 Jahren schon Herzinfarkt. 3 Wochen vor der Aufnahme erneuter Infarkt. Im Kurort zunächst 3 Wochen strenge Liegekur im Bett, Strophanthinbehandlung; in der 4. Woche vorsichtige Spaziergänge. Nach psychischer Erregung (6. IX.) bei störungsfreier Hochdrucklage (keine absinkenden Luftströme) abends Exitus. (Letzte Strophanthineinspritzung 30 Stunden vorher.) Von den 6 Kranken, die ich im Anschluß an einen Herzinfarkt verlor, starben 2 ortsansässige innerhalb 12 Stunden (17. XI. und 29. X., beidesmal schwere Coronarsklerosen). Ein dritter, Kurgast, seit mehreren Monaten im Ort wohnend, erlitt (im September) den Infarkt nach einem alkoholischen Exzeß. Der vierte wurde 8 Tage nach einem schweren Herzinfarkt von Frankfurt gegen meine Warnung in die Anstalt gebracht, da häusliche Behandlung unmöglich und der psychisch-labile Patient Krankenhausbehandlung in Frankfurt ablehnte. Bei vollkommener Ruhe usw. zunächst normaler Verlauf. Am 13. Tage des Aufenthaltes [(25. III.) W.: K. liegt im Bereich polarmaritimer Luft; am Nachmittag überquert eine Okklusion mit Warmfront den Ort] erneuter Infarkt, der mit einer langanhaltenden Ventrikeltachykardie zum Tode führte. Bei dem fünften Patienten trat der Infarkt im Anschluß an ein außergewöhnlich schweres psychisches Trauma auf. (26. X.) W.: Durchzug einer Störung (tropisch-maritimer Luftkörper). Der letzte hatte wiederholt schwere A. p.-Anfälle durchgemacht. Nach 6tägigem Wohlbefinden im Kurort schwerer Infarkt. W.: (9. II.) Von SW ankommende maritime Luftmassen lecken die auf dem Boden lagernden kontinentalen Luftmassen bis zum Abend auf. Tod nach 8 Tagen. Keine körperliche Überanstrengung vorausgegangen. Die Erkrankungstage der 10 gebesserten oder zur Ausheilung gekommenen Infarkte sind: (22. II.) W.: Warmfrontdurchgang. (13. VI.) W.: Keine Störungen; schwüle subtropische Luft. (26. V.) W.: Feuchte subtropische Luftkörper; gewittrige Niederschläge. (10. XI.) W.: Morgens Hochnebel im Hochdruckgebiet (kein freier Föhn); nachmittags Durchziehen einer Okklusion. (24. XII.) W.: Kaltfrontdurchgang. (26. V.) W.: Polarmaritime Luft ohne sichere Störungen. (6./7. II.) W.: Verwirbelung und Auffüllung einer flachen Zyklone. Südabhang des Taunus erhält auf der Ostseite des Kernes durch Stau und durch eine Okklusion Niederschläge. (2. VI.) W.: Die Luftmassen wurden durch Absinken und Einstrahlung erwärmt. (14. III. u. 14. III.) (am selben Tage; ausführliche Schilderung S. 52). In einem Falle waren eine große psychische Erregung mit Reise aus dem Orient vorausgegangen, in 3 anderen Fällen eine starke körperliche Überanstrengung, darunter das eine Mal bei heißer Witterung. In einem weiteren ambulanten Falle waren Aufregung und körperliche Überanstrengung unmittelbar vorausgegangen. 3 weitere Kranke, die bei voller Ruhe ihre Anfälle bekamen, hatten schon mehrere Herzinfarkte durchgemacht, und endlich kam es bei einem 58jährigen Mann zum Infarkt, dessen erster Infarkt nach starkem Rauchen ausgelöst worden war und bei dem der neue Anfall nach 16tägigem Aufenthalt im Kurort nach erneutem Rauchen und Nasenfurunkel auftrat; er war nach 10 Jahren Nicotinabstinenz noch gesund.

Bei Betrachtung der Daten, an denen der *plötzliche Herztod* oder der *Infarkt* auftritt, wird augenscheinlich, daß die *Frühjahrs-* und *Herbstmonate* bevorzugt sind, zumal wenn man bedenkt, daß die Anstalt durchweg im Sommer am stärksten belegt ist, eine Wahrnehmung, die die bekannte Tatsache von der Gefährlichkeit der Übergangszeiten für Kreislaufkranke nur bestätigt. Bei rückblickender Betrachtung der gesamten Krankheitsbilder erscheint *in den meisten Fällen der Tod schicksalsmäßig*, nicht unerwartet bei der Schwere der anatomischen Veränderungen, vielleicht beschleunigt durch psychische Erregungen oder an sich zu vermeidende Überanstrengungen. Zu denken gibt die Beobachtung, daß bei den im Kurort Verstorbenen ein Infarkt zu Hause eingetreten war, ohne daß dieser konsequent behandelt worden wäre. Folgende Beobachtung zeigt, daß bei einem sehr luft- und wetterempfindlichen Menschen rein klimatische Einflüsse gleichzeitig neben solchen des Wetters einen Infarkt anbahnen können.

59 jähriger Mann; vor 1 Jahr in Obergurgl (1900 m ü. NN) — sogleich nach Ankunft und mehrstündiger Wanderung Herzinfarkt. Im darauffolgenden Winter häufig anginöse Beschwerden. Bei Aufnahme im Kurort (März) mäßige Arteriosklerose, Ekg ergibt leichte Coronarinsuffizienz. Leichte Hydrotherapie, ausgedehnte Freiluftliegekur bei Außentemperaturen um + 9 Grad. Der Kranke empfindet bei dieser stärkere Kältegefühle und gibt nachträglich an, seit Jahren vollkommen luftungewohnt zu sein; nur mit geschlossenem Fenster geschlafen. Am 4. Tage des Aufenthaltes (14. III./15. III.) schwerer erneuter Herzinfarkt (Vorderwandinfarkt). (W.: Tagsüber subtropische Warmluft. In den Abendstunden des 14. heftigster Einbruch von maritim-arktischer Kaltluft mit Gewitter und Sturmböen.) Während der nun anschließenden 6 wöchigen Bettruhe wird jedes Öffnen des Fensters unangenehm empfunden; stärkeres Lüften erzeugt anginöse Beschwerden. Nach langer Rekonvaleszenz vollkommene Heilung — Luftempfindlichkeit blieb zurück.

Im Gegensatz zu einem anderen Kranken (ambulant), der am selben Tage in den Vormittagsstunden einen Infarkt erlitt, nach langer beruflicher Überlastung und akuter körperlicher Belastung, kann man hier außer dem Zusammentreffen einer Wetter- und Klima- (besser Freiluft-) Überempfindlichkeit mit einer außergewöhnlichen Wettersituation keine veranlassenden Faktoren nachweisen. Es ist heute noch nicht möglich, diese sicher sehr seltenen echten Meteoropathen einwandfrei rechtzeitig zu erkennen. (Zu dieser Frage s. u.) Es wäre freilich im vorliegenden Falle auch noch zu diskutieren, wieweit die Wetter- usw. Labilität nicht Folge der mangelhaften Abhärtung ist.

Der *Zusammenhang mit bestimmten Wetterlagen* in vielen Fällen ist *auffällig*, insbesondere mit den bekannten als „pathogen" betrachteten Wettersituationen (Warmfront- und Kaltfrontdurchgang, auch Okklusionen). Nur einmal wurde eine rückblickend vielleicht als antizyklonale Föhnlage ansprechbare Wetterlage beobachtet; das würde den Angaben von FLOHN entsprechen, der dieser meteorologischen Situation bei Apoplexien, also bei Gefäßerkrankungen keine biotrope Wirkung zuschreibt. Aber man muß sich erinnern, daß „pathogene" Wetterlagen wahrscheinlich mindestens so häufig sind, wie die indifferenten (FLOHN); in Mitteleuropa rechnet man fast „durchschnittlich" an jedem 4. (RAETTIG u. NEHLS) oder 5. (DE RUDDER) Tag mit einem Frontdurchgang, und für die Übergangszeiten kann man für jeden 2. Tag einen solchen annehmen.

Bei kritischer Durchsicht unserer sämtlichen Kranken mit *A. p.* ergibt sich in *rund 90%* eine wesentliche *Besserung bei Beendigung* der Kur. Nach unseren Katamnesen hängt die spätere Sicherung des Kurerfolges sehr von der *Lebensweise zu Hause* ab. Einige der Mißerfolge sind bereits unter den Herzinfarkten besprochen. Sehr gut waren die Erfolge bei solchen Kranken, bei denen einige Monate vor der Reise nach dem Kurort ein Herzinfarkt aufgetreten war und die nach sorgfältiger Vorbehandlung noch nicht beschwerdefrei und leistungsfähig waren. Man wird fordern müssen, daß Kranke, die einen Herzinfarkt hinter sich haben und bei denen die ersten Erscheinungen abgeklungen sind, der Kurortbehandlung zugeführt werden. Hier wirken sich die Möglichkeiten aus, einmal den Kranken zur vollkommenen seelischen Entspannung zu bringen und andererseits eine ärztlich überwachte systematische Übungsbehandlung des Herzens einzufügen. Ich möchte ERNST durchaus beipflichten, wenn er für solche Kranke auch im Kurort die Unterbringung in ärztlich geleiteten Heimen fordert. Die langanhaltende Ruhe, die allein die Ausheilung verbürgt — ich verweise hier auf die früher erwähnten Ausführungen MERKELBACHS — wird so am sichersten gewährleistet. Wie schon ausgeführt, erscheint es uns notwendig, daß *Kranke mit Herzinfarkt* erst *nach 6 wöchiger Vorbehandlung* mit Bettruhe usw. *in den Kurort* gesandt werden; unter den von mir beobachteten Todesfällen waren ja mehrere, bei denen diese Voraussetzungen nicht eingehalten waren. Andererseits muß ich auch zugeben, mehrmals Kranke gesehen zu haben, bei denen der Infarkt zu Hause nicht diagnostiziert war und die in einem Fall z. B. nach 10 Tagen, in einem anderen nach 14 Tagen, in einem dritten nach 3 Wochen in den Kurort gesandt wurden. Unter fortlaufender Ekg-Kontrolle wurde die Behandlung durchgeführt, und auch nach mehreren Jahren sind diese Kranken heute noch praktisch gesund und leistungsfähig, freilich bei vorsichtiger Lebensweise, ohne Nicotin, teilweise mit langer Strophanthinbehandlung. Das sind aber Ausnahmen, aus denen keine Regel abzuleiten ist.

Im allgemeinen dürfte es möglich sein, *Kranke mit A. p.*, bei denen keine schwere Coronarthrombose progredienter Natur vorliegt, *im Kurort wesentlich zu bessern*, wenn man nach den angegebenen Richtlinien die klimatische Behandlung durchführt. In leichteren Fällen, bei reinen Coronarspasmen, wird man mit ihr, unterstützt durch entsprechende hydrotherapeutische oder balneologische Maßnahmen, auskommen. Bei hartnäckigeren Fällen ist salzlose Kost auch bei normalem Blutdruck angezeigt. Bei Kranken, die *auf den Kurort* zunächst mit *verstärkten Beschwerden* reagieren oder bei denen im Ekg die Erscheinungen der *Coronarinsuffizienz* deutlich sind, geben wir seit 4 Jahren *Strophanthin* in kleinsten Dosen — im wesentlichen nach den Angaben von EDENS; es ist dadurch möglich, schneller eine aktive klimatische Behandlung einzuleiten und eine etwaige Wetterempfindlichkeit zu verringern, und der Gesamterfolg wird dadurch erheblich verbessert. Ließen unter dieser erwähnten Behandlung die Angiospasmen nicht nach oder traten sie plötzlich wieder gehäuft auf, so waren fast immer psychische Einflüsse nachweisbar, so mehrmals bei Psychopathen oder in schweren Lebenskonflikten stehenden Personen, denen Krankheit oder Tod als ein Ausweg aus verfahrener Situation erschienen.

Diese ausführliche Wiedergabe aller schweren Komplikationen bei Patienten mit *Coronarsklerose* beweist, daß für diese Kranken der *Mittelgebirgsaufenthalt weder an sich noch durch den Klimawechsel gefährlich* ist, für leichtere Fälle von Coronarsklerose ist das Mittelgebirge das Klima der Wahl.

Da die Ausführungen der vorausgegangenen Abschnitte der „Blutdruckkrankheit" allgemein galten und die einzelnen Formen praktisch mitunter ineinander übergehen — die differentialdiagnostische Bedeutung der Augenhintergrundsuntersuchung ist bekannt (THIEL, VOLHARD) — soll die Kurortbehandlung der *malignen Sklerose* hier nicht ausführlich besprochen werden. Sie ist in ihren Indikationen, ihren Erfolgen oder Mißerfolgen bestimmt durch den Grad der kardialen oder renalen Dekompensation. Bei den von mir behandelten Fällen von fortgeschrittenem blassen Hochdruck war durchweg ein vorübergehender Erfolg zu erzielen, solange das Herz noch ansprechbar war. Die Besserung der Herztätigkeit ging einher mit nicht unwesentlichem Nachlassen der subjektiven Beschwerden, besonders Nachlassen der Kopfschmerzen. Ein mäßiger Rückgang des systolischen Blutdrucks ohne Veränderung des diastolischen war nicht selten. Im Gegensatz zu Kranken mit rotem Hochdruck sind solche mit blassem stärker hitzeempfindlich, besonders gegen schwüles Wetter. An solchen Tagen muß man die Wasserzufuhr der Kranken besonders sorgfältig überwachen. Patienten mit maligner Sklerose sind stark sonnenempfindlich. Die geschilderten Beobachtungen gelten, mutatis mutandis, auch für *chronische Nephritiden und sekundäre Schrumpfnieren*.

e) Nervenkrankheiten.

Es ist bekannt, daß auf dem Gebiet der *Nervenkrankheiten*, insbesondere funktionell nervöser Erkrankungen durch klimatische Kuren viel erreicht werden kann; auch ist wohl unbestritten, daß das Mittelgebirge zur Behandlung der endogenen und exogenen Neurasthenie besondere Möglichkeiten bietet, die teils in der Landschaft und im Naturleben verwurzelt sind, teils aber auch auf meteorologisch-klimatischen Einflüssen beruhen. Rund ein Drittel unserer Kranken gehörte in die Gruppen der „Nervosität‟, deren psychologisch-psychiatrische Differenzierung hier übergangen werden muß. Wollte ich hier eingehend über die bei ihnen durchgeführte klimatische Behandlung berichten, so müßte ich viel Bekanntes wiederholen. Bei keinen anderen Leiden sind so ausschlaggebend „Kurwillen‟ und „Kurstimmung‟. An anderer Stelle ist früher von mir eingehend die *Freiluftbehandlung nervöser Erkrankungen im Kurort* geschildert worden. Es wurde gezeigt, wie im Anfang der Behandlung — und das gilt besonders auch für die Behandlung von endogenen und exogenen Depressionen — die geregelte Freiluftliegekur stehen muß als ideale Kombination der Ruhekur und der Freiluftbehandlung. Bei Schlafstörungen ist vor jeder Überanstrengung zu warnen; bei schweren Fällen wirkt oft sichtlich beruhigend die Freiluftliegekur nach dem Abendessen. Von seltenen Sturmtagen abgesehen wirkt sich der Wind im Mittelgebirge im Gegensatz zur Meeresküste kaum störend aus; nur ältere Menschen mit nervösen Schlafstörungen sind insofern stark windempfindlich, als sie besonders akustisch auf ihn reagieren. Nicht selten ist Schlaflosigkeit nur die Folge einer schlechten Lüftung, vor allem eines überhitzten Raumes im Winter, weil vergessen wurde, die Heizung abzustellen. Die Freiluftliegekur geht über in das Luftbaden. Die Luftbadbehandlung beginnt mit dem Schattenluftbad. Sie wird ergänzt durch planmäßige Heliotherapie, denn viele, nicht alle Nervöse vertragen, systematisch eingeleitet, Sonnenbäder viel besser, als man gewöhnlich annimmt. Neben Sport und Wandern tritt die rhythmische Gymnastik, soweit wie möglich im Freien durchgeführt, psychisch entspannend und entkrampfend, physisch durch die Bewegung im Freien bei entblößtem Körper ein wichtiger Vermittler der klimatischen Reize. In der Behandlung der Schlaflosigkeit kommt der Erfolg oft spät; bisweilen oft erst zu Hause.

f) Verdauungs- und Stoffwechselkrankheiten.

Die *Kurortbehandlung* von Erkrankungen des *Magens* und *Darmes*, der *Leber*, von *Gallenleiden* und *Stoffwechselkrankheiten* wird in erster Linie eine balneologische sein, wobei der klimatischen Behandlung auf dem Wege der allgemeinen Umstimmung eine unterstützende Rolle zukommt. Mit einer Ausnahme: Für das Ulcus ventriculi und duodeni gilt, wie Vogt sagt, wie für fast keine andere Krankheit die Einhaltung der Zuständigkeit der Balneotherapie; zu balneologischen Behandlungen sollen nach Grafe mindestens 2—3 Monate nach den akuten Erscheinungen verstrichen sein. Es fragt sich, wieweit eine Klimatotherapie des Ulcus berechtigt, wieweit eine Ulcuskur im Rahmen der Klimabehandlung durchführbar und zu empfehlen ist. Bei dieser Fragestellung sind zunächst zwei anscheinend widersprechende Gesichtspunkte zu klären. Die Ulcuskrankheit ist, wie wir heute wissen, weitgehend eine Allgemeinerkrankung, ein Zivilisationsprodukt, eine Folge der Verstädterung (DUESBERG, NORF u. a.). Und die Ulcusbehandlung wird dementsprechend immer mehr eine Allgemeinbehandlung (NONNENBRUCH, briefliche Mitteilung).

So wäre es naheliegend, auch unter *Einschaltung der Klimafaktoren* die *Heilung des Ulcus* zu erreichen. Andererseits spricht vieles dafür, daß Reize, die die Haut treffen, den Magen in Mitleidenschaft ziehen. Nach schon älteren tierexperimentellen Untersuchungen von FRIEDRICH KAUFMANN kann eine durch *ultraviolette Strahlen* bedingte Hautentzündung zu einer humoral vermittelten hämatogenen *Gastritis* führen, EPPINGER konnte mit großen Histamindosen Schädigungen am Magenparenchym hervorrufen, und Voss sah bei ausgedehnten Dermatitiden ein Steigen der Magensäurewerte. Histamin ist nicht nur ein starker Säurewecker, sondern bewirkt direkt gastritische Erscheinungen. VON BERGMANN, der besonders auf diese Gefahren hingewiesen hat, sah unmittelbar nach einer durch eine Feuerqualle hervorgerufenen Dermatitis ein akutes Ulcus entstehen; er beobachtete nicht selten nach ausgedehnten Hautrötungen in Freibädern 8—20 Tage später erhebliche Magenbeschwerden, die röntgenologisch als echte Ulcera verifiziert werden konnten. Unter den Kontraindikationen des Nordseeklimas führt HÄBERLIN (Wyk/Föhr) das Ulcus auf, und Untersuchungen der DEGKWITZschen Schule (MARIA BRAUN, BÖDECKER) hatten bei Kindern eine Steigerung der Magensaftsekretion unter der Seeklimabehandlung ergeben. So ist es verständlich, daß mir wiederholt die Frage vorgelegt wurde, ob überhaupt, bzw. wo ein Ulcusträger eine klimatische Kur durchführen könne. Man darf aber meines Erachtens aus den eben geschilderten Beobachtungen keine für die Klimatherapie allgemein gültigen Folgerungen ableiten. Einmal ergaben erneute Untersuchungen im Seeklima, diesmal bei Erwachsenen, doch ein anderes Bild (RITTERSHAUSEN): Hyper- und subacide Sekretionsverhältnisse bei Kurbeginn wurden bei Kurende meist normal, während normale Säurewerte teils stiegen, teils sich nicht änderten. *Histamin* und verwandte Stoffe bilden sich *in der Haut* nur unter *starken Reizen*: Sonnenerythem, Hautbürsten, Duschen, Seebaden usw. Von klimatischen Faktoren kommen deshalb als Histamin- usw. -bildner in erster Linie die Ultraviolettstrahlen in Frage, und zwar die der kurzwelligen Strahlung (UVB.), während die langwelligere Strahlung (UVA.) praktisch nicht erythembildend ist. DIEHL hatte schon früher experimentell festgestellt, daß zum Zustandekommen der durch Bestrahlung erzeugten Histaminwirkung eine gewisse Konzentration nötig ist, die bei langsam verlaufendem Erythem nicht erreicht wird, bei dem die Wirkung auf den Magensaft ausbleibt. Zusammengefaßt darf man annehmen, daß nur bei stärkerer Erythembildung unter der natürlichen Sonne, also *nur bei Sonnenbrand, eine Gefahr der Magenstörungen erzeugenden Histaminbildung* besteht. Dementsprechend wäre bei Ulcusträgern die Anwendung solcher künstlicher Strahler, die im wesentlichen nur über eine Reizung der Haut wirken, wie die Hanauer Höhensonne, nur mit großer Vorsicht angezeigt; gegen die Verwendung von Lampen, deren Spektrum hauptsächlich im UVA. liegt, z. B. Ultravitaluxlampe und Cadmiumlampe, bestehen keine Bedenken. Bei der Anwendung des *natürlichen Klimas als Heilmittel*, ja selbst bei der eigentlichen

Heliotherapie sollte man *beim Ulcus nicht* zu *zurückhaltend* sein[1]. Es besteht zwar zur Zeit die Neigung, die strenge Ulcuskur beim floriden Geschwür aufzulockern, aber die Mehrzahl der Autoren — ich verweise hier besonders auf die Untersuchungen von STEUER aus der Klinik SIEBECK — verlangt unseres Erachtens mit Recht noch die strenge Diätruhekur im Beginn der Therapie. Wir selbst haben in den letzten Jahren zahlreiche *Ulcuskuren im Kurort* mit gutem und katamnestisch bestätigtem anhaltendem Erfolg durchgeführt. Die anfängliche Bettruhe wird durch ständiges Lüften des Zimmers und anschließende Freiluftliegekur klimatisch ausgebaut. Nach Abklingen florider Erscheinungen treiben unsere Patienten reichlich Gymnastik, bis zum Medizinball, und nehmen Luftbäder. Hat man Bedenken gegen die direkte Sonne wegen der etwaigen Schädigungen durch Histamin- usw. bildung in der Haut, so ist das Schattenluftbad besonders zu empfehlen, weil es durch seinen Reichtum an Himmelsstrahlung, besonders auch an UVA., Sofortpigmentierung (ohne Erythem) vermittelt. Bei *keinem meiner Ulcusträger*, von denen zahlreiche in früheren Zeiten eifrig Sonnenbäder genommen . hatten, konnte ich einen *Zusammenhang zwischen Ulcusexacerbation und Sonnenbädern* nachweisen. Im Gegensatz zu den künstlichen Bestrahlungen wirkt die natürliche Sonne durch ihre wärmenden Strahlen andererseits auch sekretions- und motilitätsherabsetzend. Auch auf Grund ihrer Erfahrungen bei über 400 Magenkranken empfehlen ENGELHARD und FRIEDRICH eine klimatisch-physikalische Behandlung, vor allem Luftbäder bei diesen capillar-spastischen Kranken. Meines Erachtens soll man bei heliotherapeutischen Maßnahmen allerdings Bestrahlungen bei gefülltem Magen vermeiden, da diese oft schlecht vertragen werden. Es gibt, was wenig bekannt ist, stark kälteempfindliche Ulcuskranke, die bei Einsetzen von Kaltluftkörpern mit vermehrten Beschwerden reagieren, bisweilen über den Weg einer Erkältung. Der hyperacide Ulcuskranke neigt zu Spontanhypoglykämien (LASCH, LAPP); auch im Kurort ist deshalb auf die häufigen kleinen Mahlzeiten zu achten. Wir haben wiederholt bei unseren Kranken in den ersten Wochen des Aufenthaltes im Kurort eine *Herabsetzung der Darmtätigkeit* gesehen. VAN OORDT führte ähnliche Beobachtungen auf den verminderten Luftdruck und die größere Wasserverdunstung zurück, zusammen mit klimatisch bedingter Änderung der Darmflora. Es ist meines Erachtens jedoch auch durchaus an lokale Trinkwasserwirkungen zu denken; wir wissen darüber aber noch nichts; *das Wasser* als *bodengebundener Klimafaktor* ist ein noch unbearbeitetes, wahrscheinlich wichtiges Gebiet.

Bei der Kurortbehandlung der *Fettsucht* wirken klimatische Faktoren günstig über die Besserung der Herzkraft, die erleichterte Wasserabgabe und den vermehrten Antrieb zu Sport und Wanderungen. (Vgl.: AMELUNG, Die Behandlung der Fettsucht.)

Bei der *Insulintherapie des Diabetes* wird leicht vergessen, daß bei vermehrter körperlicher Bewegung weniger Insulin verbraucht wird und infolgedessen nicht selten im klimatischen Kurort die bisherige häusliche Einstellung überprüft werden muß, um den Kranken vor unnötigen Insulinschocks zu bewahren. Wiederholt erwiesen sich uns zunächst unklar erscheinende vermeintliche *Toleranz-*

---

[1] E. BECHER, dessen grundlegende Untersuchungen über die Histaminwirkung bekannt sind, empfiehlt neuestens als Therapeuticum gegen zu starke Histaminwirkung Torantil wegen seiner desamidisierenden Wirkung; Torantil kommt auch bei Sonnenschäden in Frage.

schwankungen, die den Patienten ängstigten, klimatisch-meteorologisch bedingt, *Folgen anderer Wetterlagen*, die die Freiluftbetätigung veränderten. Die Erfahrungen bei der Arbeitstherapie des Zuckerkranken sind auch auf die klimatische zu übertragen; auch bei Insulin-Mastkuren sind die wetterbedingten Schwankungen der Klimatotherapie bei der Dosierung des Insulins zu beachten; ehe wir auf diese Zusammenhänge achteten, haben wir einige Male im Luftbad nach vorausgegangener *Gymnastik* und anschließendem *Sonnenbad* auch bei Nichtdiabetikern stärkere *Insulinschocks* („sekundäre Arbeitshypoglykämie") erlebt. Diese waren besonders auffällig bei einer Potatrix. Vielleicht spielte auch hier die sicher vorhandene latente Leberschädigung mit; bei Leberkranken sind Sonnenbäder an sich zu vermeiden (NONNENBRUCH), wegen der Histaminüberempfindlichkeit der Leber und der erschwerten Glykogenfixation.

g) Schilddrüsenerkrankungen.

Die Bedeutung der *klimatischen Behandlung* bei *Morbus Basedow* und *Thyreotoxikosen* ist unbestritten. In Frage kommen im wesentlichen Kurorte im Mittelgebirge und in mäßigen Höhenlagen des Hochgebirges (etwa bis 1200 m), wobei solche bevorzugt werden, die durch eine Jodarmut des Wassers und der Luft ausgezeichnet sind (u. a. KÜHNAU, PARADE und HINRICHS). Meine Erfahrungen bei der klimatischen Behandlung dieser Erkrankungsgruppe möchte ich wie folgt zusammenfassen: 53 Kranke mit echter Basedowscher Erkrankung habe ich genügend lange beobachtet und behandelt, um ein Urteil abgeben zu können; die Zahl der an thyreotoxischen Störungen leidenden Kranken war eine wesentlich größere; sie ist deshalb nicht scharf begrenzbar, weil sie in die Gruppe der vegetativ-labilen, sympathicotonischen Neuropathen ohne scharfe Grenzen übergeht. Auch heute werden häufig noch Kranke in den Kurort geschickt, bei denen nur die *Operation* heilen kann. Im Gegensatz zu den amerikanischen Erfahrungen besteht leider bei deutschen Internisten vielfach noch eine auffallende Zurückhaltung in der Indikation zur Operation. Solche Kranken, die von Kurort zu Kurort geschickt werden, nicht sterben, aber auch nicht gesund werden, sind traurige Beispiele ärztlicher Entschlußlosigkeit. Man wird freilich in solchen Situationen zunächst bei dem Kranken, seiner Umgebung und dem Hausarzt auf kein Verständnis stoßen, wenn man die Hoffnung auf einen vollen Erfolg des neuen Kurortes sofort zerstört. Bei *progredienten Fällen* soll man aber sofort jede weitere *Verantwortung ablehnen*, während bei den *chronisch verlaufenden* der Versuch einer *klimatischen Behandlung* angezeigt ist, schon um dem Patienten zu beweisen, daß auch eine nochmalige konservative Behandlung zwecklos war.

Eine Beobachtung aus vielen ähnlichen: (A. Nr 181/1937) 33jährig, w., vor 5 Jahren „nervöser" Zustand, seit 2 Jahren zunehmende Halsschwellung, Gewichtsabnahme von 20 Pfd., während dieser Zeit zeitweise vorübergehende Besserung, zahlreiche Kuren und vielfach interne Behandlungen; Befund: große weiche Struma, Exophthalmus + +, Tremor, Tachykardie, Lymphocytose 49%, Grundumsatz + 70%. Klimatische Kur von $3^1/_2$ Wochen bewirkt Gewichtssteigerung von 2,6 kg mit weitgehender psychischer Entspannung. Übriger Befund bleibt unverändert. Rat zur Operation, die mit Unterbindung der 4 Schilddrüsenarterien und ausgedehnter doppelseitiger Resektion erfolgt (Prof. FREY, Düsseldorf). Die Patientin berichtet nach $^1/_2$ Jahr, es ginge ihr ständig besser „selbst die Augen sind wieder völlig normal, ich kann Ihnen für Ihren Rat nicht dankbar genug sein und bedauere, daß ich mich so lange mit dieser Krankheit abgequält habe".

Andere Fälle wird man freilich anfangs nicht beurteilen können, hier entscheidet über die Notwendigkeit der Operation oft erst das nicht voll befriedigende Ergebnis der klimatischen Behandlung.

40jähriger Mann (A. Nr 440/1939) vor $1/4$ Jahr Autounfall, seitdem Schweißausbrüche, Herzklopfen, Durchfall, 20 Pfd. Gewichtsabnahme bei gutem Appetit; starkes Durstgefühl und zunehmende Halsanschwellung. Bei der Aufnahme weiche Struma, Tachykardie von 100 bis 120 Schlägen, keine Augensymptome, leichter Tremor, psychisch ruhig und beherrscht. Therapie: strenge Freiluftliegekur im Schatten, Vogan, Antithyreoidin, Prominaletten. Grundumsatz in 3 wöchentlichem Abstand ergibt Konstantwerte um + 25%. Lymphocyten 50%, 44%. Nach 5 Wochen planmäßiger Kur sind die subjektiven Beschwerden des Patienten unverändert, deshalb Rat zur Operation (Prof. SCHMIEDEN, Ffm.): Die Struma zeigt das Bild einer erheblichen Basedowerkrankung. Klimatische Nachbehandlung von 3 Wochen mit Gewichtszunahme von 3,5 kg, normaler Grundumsatz, Lymphocytose 37%. Patient berichtet 1 Jahr nach der Operation, daß er sich „außerordentlich wohl und ganz gesund fühlt"; nur ganz selten Extrasystolen.

Bei *ganz akuten Fällen* erzielt allerdings die *klimatische Behandlung* unter Umständen auch eine *weitgehende Ausheilung*, wie folgender Fall zeigt:

(A. Nr 331/940). 43jährige Patientin. Früher nie nervöse Erscheinungen, nach operativem Eingriff (Narbenabsceß) depressiver Zustand mit Gewichtsabnahme von 16 Pfd. Kommt als „nervöse Erschöpfung". Aufnahmebefund: Mäßiger Exophthalmus, geringgradige, vorwiegend linksseitige weiche Struma, Tachykardie um 110, sehr starke psychische Unruhe mit Bewegungsdrang. Klimatische Behandlung mit milder Hydrotherapie und Prominal. Grundumsatz-Bestimmung (zunächst verweigert, nur 1mal nach 3 Wochen möglich) + 52%. Lymphocytenwerte 41—52%. Nach 9wöchiger Behandlung psychisch zwar wesentlich entspannter, aber körperlicher Befund unverändert, Gewichtszunahme 300 g, Rat zur Operation. Bericht nach 10 Monaten: Operation nicht erfolgt, gutes körperliches Befinden bei voller Leistungsfähigkeit.

Auch PARADE und HINRICHS sehen bei noch ganz akutem Basedow eine *Kurortbehandlung* angezeigt. Sie ist meinem Dafürhalten nach *weiter angezeigt bei* solchen *Kranken*, die aus irgendwelchen Gründen die *Operation ablehnen*, bei Menschen *über 70 Jahren* und vor allen Dingen als *Vor- und Nachbehandlung bei operativen Eingriffen*. Gerade bei Herzkomplikationen haben wir wiederholt durch entsprechende klimatische und medikamentöse Behandlung eine erhebliche Besserung der Herztätigkeit erreicht, die die Operation dann erleichterte.

Von den Symptomen einer *Thyreotoxikose* werden durch die Kurortbehandlung am besten beeinflußt neben den Erscheinungen der Herzinsuffizienz die psychische Übererregbarkeit und die Schweißausbrüche, während schon der Gewichtsansatz in schweren Fällen wesentlich mehr Schwierigkeiten macht. Am hartnäckigsten ist die Tachykardie, soweit sie nicht durch die Herzschwäche bedingt ist. Bei Thyreotoxikosen im weiteren Sinne des Wortes sind die Erfolge der klimatischen Behandlung im allgemeinen durchaus erfreulich. Hier sieht man auch gute, oft erstaunliche Gewichtszunahmen. Bekanntlich kommt eine auch stärkere Erhöhung des Grundumsatzes nicht nur beim Vollbasedow vor (CURSCHMANN u. a.), sondern man sieht solche selbst bis 60% bei Hypertonikern, Vegetativ-labilen mit hyperthyreotoxischem Einschlag usw. In solchen Fällen tritt durch die klimatische Behandlung allein oft eine auffallende Senkung ein. Der Kurort an sich und sein Klima heilen; zusätzliche Behandlung (CO_2-Bäder, die ERNST oder die Fluorbehandlung, die MAY empfehlen) sind nicht erforderlich.

In der Behandlung der *Schilddrüsenerkrankungen* wird sich die *klimatische Therapie* vorwiegend auf die *Freiluftliegekur* beschränken. *Luftbäder* sind *gut*, *Sonnenbäder* direkt *gefährlich*. Hyperthyreotiker reagieren ·auf Sonnenbestrahlung prompt mit verstärkten subjektiven Beschwerden, aber auch mit Gewichtsabnahmen. Ich kann MAY nicht zustimmen, wenn er schreibt, man könne zahlreichen Kranken mit Hyperthyreosen direkte Besonnung erlauben und vernünftigen Patienten diese ruhig selbst überlassen; auch BIELING wie PARADE warnen vor zu starker Besonnung. Als Überfunktionszustände der Schilddrüse imponieren auch viele Krankheitsbilder, bei denen das Primäre die neurotische Veranlagung ihres Trägers ist und die nur sekundär und peripher thyreotoxische Erscheinungen bieten (streng zu trennen vom echtem Basedow nach Trauma); BANSI bezeichnet sie sehr treffend als „Situations-Hyperthyreosen". Diese Kranken sind klimatisch ganz anders anzufassen als leicht thyreotoxische Menschen, bei denen die Schilddrüsenstörung Zeichen einer echten vegetativen Verschiebung ist. Nach einer entsprechenden Vorbehandlung sind diese neurotischen Thyreosen weitgehend zu trainieren und vertragen auch Sonne. Für die klinische Einheit der echten Thyreotoxikosen ist aber festzuhalten, daß Sonnenbäder den Grundumsatz steigern und den Kreislauf belasten.

Bei Untersuchungen über den Gasstoffwechsel im Mittelgebirge, die PRZE-MECK auf meine Veranlassung durchführte, fanden sich bei Freiluftliegekur im Schatten des Luftbades in einigen Fällen deutliche Senkungen der überhöhten Werte, zum Teil trotz heißer Witterung.

Tabelle 5. Senkung erhöhter Werte des Gaswechsels im Luftbad.

Prot.-Nr.	Gaswechselsteigerung in % a) vor Liegekur b) nach Liegekur von $1^{1}/_{2}$ Std.	Temperatur	UV-Intens.	Krankheit
5	a) 83,6 b) 61,8	17	2,3	M. Basedow
8	a) 63,5 b) 37,1	18	3,8	M. Basedow
30	a) 31,0 b) 16,2	25,7	3,5	Hypertension
31	a) 38,4 b) 16,3	28,1	3,8	Hypertension
43	a) 34,6 b) 6,2	18,3	1,5	Hypertension
44	a) 42,6 b) 26,0	17	1,5	nervöse Herzstörungen

Die Protokolle sind auszugsweise andernorts veröffentlicht, aber nicht für die hier erörterten Fragen ausgearbeitet worden.

Die beschriebene Senkung des Umsatzes bei der Freiluftliegekur ist wohl durch die psychische Entspannung bedingt. Die Schattenfreiluftliegekur muß aber im Bereich der thermischen Behaglichkeitsgrenzen bleiben, deutliche Kühlreize steigern an sich den Umsatz. *Die klimatische Behandlung* der echten Basedowschen Erkrankung erfordert jedenfalls *längere Zeit*; Kuren unter 6 Wochen kommen höchstens als präoperative Vorbehandlung in Frage; für wirkliche Erfolge unter den oben besprochenen Voraussetzungen muß man schon 2—3 Monate einsetzen.

h) Bösartige Geschwülste.

Über die *Kurortbehandlung* bösartiger, nicht operabler *Geschwülste* zu berichten, erscheint gewagt. Es wird wohl auch selten sein, daß solche Kranke sich im Kurort in freier Behandlung oder in sozialen Heimen aufhalten, während sie nicht so selten private Heilanstalten dort aufsuchen. Ungerechnet die durch Operation oder Bestrahlung geheilten und diejenigen, deren Aufenthalt unter einer Dauer von 3 Wochen war, konnte ich 72 derartige Kranke beobachten. Es ist naheliegend, daß der Ortswechsel (ich gebrauche hier absichtlich nicht das Wort Klimawechsel) den zunächst gewöhnlich sehr deprimierten Kranken psychischen Aufschwung geben muß. Der Kranke nimmt auch an, im Kurort, auch im Sanatorium sei kein Platz für hoffnungslose Fälle, und schon dieser Glauben läßt ihn hoffen. Andererseits muß man auch bedenken, daß ein Klimawechsel zusammen mit den Anstrengungen der Reise einmal eine Wachstumsaktivierung des Tumors bedeuten kann; aus solcher Erwägung heraus wird die Therapie im Kurort sehr zurückhaltend sein; erfahrene Badeärzte wie Grunow, haben bei Badekuren z. B. in Erwägung gezogen, ob nicht durch diese, besonders bei differenten Wässern, fibröse Barrieren, die die Ausdehnung von Geschwülsten erschweren, gelöst würden. Viermal sahen wir, daß Kranke mit malignen desolaten Tumoren sogleich nach Ankunft im Kurort progredient verfielen und innerhalb von wenigen Tagen starben, sicher früher, als der vorbehandelnde Arzt annahm. Übersehen wir die erwähnten 72 Kranken, so ergibt sich, daß vielfach der Verlauf im Kurort dem normalen Ablauf entsprach; einige Male setzte eine Progredienz des Verfalls (zufällig?) nach dem Einsetzen einer den Organismus mehr beanspruchenden Wetterlage (starke Kälteperiode; subtropische Luftmassen bei reichlichem Aufenthalt im Freien) ein. Selbst die Schwerkranken gewöhnen sich an die klimatische Behandlung; z. B. war ein Patient mit Prostatacarcinom mit Knochen- und Lungenmetastasen in den ersten Wochen sehr kälteempfindlich; er hielt sich anfangs nur in Decken gewickelt im überheizten Raum (über dessen „Kälte" er sich beschwerte) auf; nach einigen Wochen lag er bei Temperaturen bis —8° auf dem Balkon. Bei etwa 35 Kranken sahen wir zunächst eine erstaunliche, oft mehrere Wochen, vereinzelt auch einige Monate anhaltende körperliche und seelische Erholung mit oft stärkerer Gewichtszunahme; eine Besserung etwaiger Anämien war damit kaum verbunden. Wiederholt war die vorübergehende Wendung so bemerkenswert, daß die Familie die ihr mitgeteilte infauste Prognose zu bezweifeln begann. Bei vorausgegangener Röntgentiefentherapie könnte diese geschilderte Erholung mit als ihr Erfolg, bzw. als eine überschießende Rekonvaleszenz nach der Röntgenbelastung angesprochen werden; auch wäre an andere Pflege und geschickte Dosierung der Alkaloide, die ja auch vorübergehend das Befinden heben können, zu denken. Aber auch bei Betrachtung dieser Möglichkeiten ist eine örtliche Einwirkung sicher festzustellen; bei Kranken, deren Kurve bisher nur bergab ging, hielt sie sich eine Zeit lang auf gleicher Höhe oder zeigte eine Besserung. Niemand wird deshalb von einer klimatischen Behandlung des Carcinoms sprechen dürfen oder unter Beweis stellen wollen, die Kurortbehandlung könne hier lebensverlängernd wirken; diesen Kranken aber sind die glücklichen Wochen, wenn auch nur einer Scheinblüte, ein Segen.

i) Das Senium.

Als Folgen der komplexen Wirkung des heutigen Lebens im weiteren Sinne des Wortes sehen wir eine *Verschiebung der Grenzen der verschiedenen Altersstufen der Menschen.* Die „Acceleration" der Jugendlichen (BENNHOLDT-THOMSEN u. a.) ist bekannt. Von den männlichen Wechseljahren, dem „Lebensknick", freilich wissen wir nicht so recht, ob sie vor oder später verlagert sind; das zunehmend verfrühte Erkranken an Coronarsklerose ist auch als Teilerscheinung eines rascheren Abstiegs der Lebenskurve sehr bedenklich. Und andererseits erscheint uns, als ob der „Greis", der „Senex", unter den vielen alten Menschen, die uns begegnen, immer seltener wird. Wenn der Nestor der deutschen Thalassotherapie, C. HÄBERLIN, Wyk/Föhr, berichtet, daß die praktische Erfahrung seine aus dem älteren Schrifttum begründeten Bedenken gegen das Seebaden der alten Menschen zerstreute, so scheint mir auch hier die Entwicklung der letzten Jahre, die aus mannigfachen Gründen den alternden Menschen beweglich hielt, mitgesprochen zu haben. Vermehrte Reize bewirken höchstwahrscheinlich die Acceleration; es ist naheliegend anzunehmen, daß Anforderungen des Lebens (die freilich in den Grenzen der Reversibilität bleiben) die Involutionsprozesse des Alterns herausschieben. Das Rentnerdasein kann durch seine Reizarmut töten; vor Jahren hat schon GOLDSCHEIDER hervorgehoben, daß nicht bloß übermäßige Bewegungsbeanspruchung, auch Bewegungsmangel die Gefäßwand schädigen. Nicht nur die alltäglichen Lebensreize, sondern vor allem selbstgesetzte körperliche Anforderungen, Wandern und Sport erhalten den alternden Menschen jünger. Und hier schaltet sich die balneologisch-klimatische Behandlung ein, die im Kurort in besonders schonender und entspannender Form auch den Alten die Freude an klimatischer Betätigung gibt. LAMPERT hat sehr anschaulich von dem 76jährigen Rat berichtet, dem die Kurortgymnastik zum wunderbaren neuartigen Erlebnis wurde. Die für den alternden Menschen so wichtige Bewegungstherapie wird durch die klimatischen und landschaftspsychologischen Vorzüge des klimatischen Kurorts sehr erleichtert. Eingehend beobachten konnte ich im ganzen 481 Greise:

Tabelle 6. (Klimatische Behandlung im Greisenalter.)

Alter:	70—74	75—79	80—81	82—83	84	85	86	87	88	90	91 -jährige
	128	75	10	7	1	4	1	5	1	1	1 männlich
	150	72	23	2	1	—	—	—	—	—	— weiblich
	278	147	33	9	2	4	1	5	1	1	1

Der *Erfolg der Kurortbehandlung* war vielfach mitbedingt durch die *Besserung des Kreislaufs* und *der arteriosklerotischen Störungen* (Nachlassen von Schwindel, Kopfdruck usw.), während ernstliche cerebralarteriosklerotische, psychotische Krankheitsbilder sich eher verschlimmerten. Bei Untergewichtigen waren erhebliche *Gewichtszunahmen* festzustellen. Bei der Altershypotonie entspricht dem Anstieg der Blutdruckwerte die Besserung der Leistungsfähigkeit. Die *Akklimatisationserscheinungen waren geringer als bei jüngeren* Menschen, als Zeichen der herabgesetzten vegetativen Labilität (der Alternde ist nach VOGT gegenüber Strahlenwirkungen ebenfalls unempfindlicher); waren sie betont, so imponierten sie als das schwere Einleben des starr gewordenen alten Menschen. Zwei der

Alten, beide über 80 Jahre, verstarben akut im Kurort; einmal im apoplektischen Insult 10 Tage nach Ankunft; einmal an Kreislaufschwäche nach akuter Gastroenteritis. Der senile Pruritus war nicht klimatisch zu beeinflussen, obwohl man nicht selten eine Verbesserung des Hautturgors nach Luftbad usw. sieht. In der klimatischen Behandlung des ganz Alten ist die Freiluftliegekur weniger geeignet; sie wird vielfach instinktmäßig abgelehnt; die Altersstarre des Brustkorbs erschwert an sich das Liegen auf dem Liegestuhl. Besser bekommt das „Spazierensitzen" im Park und im Walde; so sind mehr als bei anderen Kurgästen der Sommer und die milden Herbstmonate die gegebenen Zeiten zur *Klimakur im Greisenalter*, wobei wir die rüstigen Siebziger, die voll Freude den Winter genießen, ausnehmen.

k) Rheumatismus und Blutkrankheiten.

K. VON NEERGAARD hat nachgewiesen, daß der Hochgebirgsbehandlung, insbesondere der Heliotherapie, eine wesentliche Bedeutung in der *Rheumatismusbehandlung* zukommt. 1934 habe *ich* von einigen eindrucksvollen *Erfolgen bei schweren Ischiasfällen*, selbst mit Atrophie berichten können; es handelte sich durchweg um Kranke, die aus nord- und nordwestdeutschen Orten maritimen Klimas mit häufigen Sturmwetterlagen kamen; wir haben diese Beobachtungen erweitern können. Die Kranken waren auch vorher schon sorgfältig der üblichen physikalischen Behandlung unterzogen worden. Behandlungserfolge bei den chronischen Gelenkerkrankungen, die wir in unserer Anstalt sahen, lagen im Rahmen der Möglichkeiten der üblichen physikalisch-medikamentösen Therapie. Die Behandlung der rheumatischen Erkrankungen hat stets die Wetterlage zu berücksichtigen. Für Wiesbaden konnte A. SCHMIDT nachweisen, daß die Dauererfolge bei Rheumatikern dann gut waren, wenn in der ersten Zeit der Kur das Wetter Schon-, in dem zweiten Teil mehr Reizwirkungen hatte. Die klimatische Behandlung muß bestimmte Eigentümlichkeiten im rheumatischen Krankheitsgeschehen sehr sorgfältig beachten, um keine Rückschläge zu haben. Das *Kleinklima* ist wie bei keinem anderen Kranken zu *beachten*, besonders bei feuchter Haut und Neigung zu Schweißen, bei denen z. B. ein geringer Zug auf der Liegehalle usw. ein Rezidiv auslösen kann. ABICHT hat bei Untersuchungen über die Wetterfühligkeit bei Rheumatikern mit Recht die Schwierigkeiten betont, die „individuelle Abkühlungsgröße" des Rheumatikers festzustellen; es sei durchaus möglich, daß eine „Erkältung" im landläufigen Sinne bei einem Polyarthritiker einen „klimatisch" bedingten Schmerzanfall auslöse, ohne daß großklimatisch-pathogene Faktoren vorliegen. Ich kann mich hier der Forderung von SLAUCK u. a. nur anschließen, daß man erst dann einen Kranken in den Kurort senden soll, wenn nach Möglichkeit Fokalherde ausgeräumt sind.

In den letzten Jahren ist wiederholt aufgefallen, daß die durchschnittlichen Zahlen für Erythrocyten und Hämoglobin zugenommen haben und leichte *Polyglobulien* nicht selten sind (u. a. BECHER, BÜRKER, DENECKE, VOLHARD). Die Ätiologie scheint ungeklärt. BECHER (mündliche Mitteilung), nimmt Autoabgase an, DENECKE spricht von infektiös-toxischen Prozessen, auch von der Wirkung von Giften wie Phosphor und Benzin. Wir selbst haben diese symptomatischen Polyglobulien in den letzten Jahren recht häufig, vor allem bei starken Zigarettenrauchern gesehen, ohne daß eine bestimmte Konstitutionsform bevorzugt gewesen wäre. War die *Polyglobulie* rein symptomatisch, so ließ sie sich nicht selten durch forcierte *klimatische Behandlung* mit Luftbad und Gymnastik gut beeinflussen. Leichtere *Begleitanämien* bei allgemeinen Erschöpfungszuständen bessern sich im Rahmen der Mittelgebirgsbehandlung sichtlich. Bei *Chloranämien* kann die Klimabehandlung nicht die Eisenbehandlung ersetzen; die Behandlung mit Ferropräparaten muß auch im Kurort fortgesetzt werden. Die klimatische Behandlung der Anämien kann starke Reize anwenden, auch natürliche Sonne oder künstliche Strahler (je nach Jahreszeit oder Wetterlage) bis zu leichter Erythembildung.

V. Allgemeine Betrachtung der Erfolge klimatischer Kuren (die Beziehungen der Klimaheilkunde zur Konstitutionslehre und zur Meteorobiologie; Klimareaktionen — Diskussion des veränderten weißen Blutbildes als solcher —).

Es wurde schon hervorgehoben, daß die *Konstitution* des Kranken oder Erholungsbedürftigen *für den Kurerfolg bedeutungsvoll* ist; wie gesagt, kommen ja in den Kurort nicht Krankheiten, sondern kranke Menschen. Die Beantwortung der Frage, mit *wie langer Kur* zu rechnen ist, hängt sehr von der Gesamtverfassung des einzelnen ab. Es ist naheliegend, die Bedingungen der Empfindlichkeit des Menschen für klimatotherapeutische Reize mit denen für Wettereinflüsse zu vergleichen. Der Amerikaner PETERSEN hat u. a. sehr ausführlich die Beziehungen zwischen der Konstitution des Menschen und den Wettervorgängen studiert; der pyknische reagiert anders als der leptosome Typ. Der Leptosome mit reaktiver Acidose ist reizbarer und rascher reagierend, aber zäher; der pyknische mit reaktiver Alkalose spricht auf Reize weniger an, ist aber auf die Dauer anfälliger. v. PHILIPSBORN empfahl für die Indikationen von Klimakuren die STAUFFERsche Einteilung. Gegenüber konstitutionellen Bestimmungen nach morphologischen Gesichtspunkten hat LAMPERT eine *Konstitutionslehre* entwickelt, die die Reaktionsgeschwindigkeit des Gewebes, also funktionelle Gesichtspunkte, in den Vordergrund stellt; die Reaktionsgeschwindigkeit des A-Typs ist gering, die des B-Typs sehr groß, und demgemäß spricht der A-Typ langsam auf Klimareize an, der B-Typ schneller. Es ist selbstverständlich, daß eine funktionelle Betrachtungsweise wie die LAMPERTS keine Handhabe gibt, sofort aus dem Erscheinungsbild des Menschen und seiner Lebensgeschichte immer zu entscheiden, welchen Typ man vor sich hat; es sind zunächst eine Reihe von klinischen Untersuchungen vorzunehmen, die teilweise Zeit erfordern und von dem Patienten im Kurort leicht abgelehnt werden (z. B. Adrenalinprobe). Es scheint mir aber, daß dieser von LAMPERT vorgeschlagene Weg ein richtiger ist und *wertvoll für die Kurortbehandlung* sein wird. Geht man von der Voraussetzung aus, daß das *vegetative Nervensystem* der *Vermittler der klimatischen Reize* ist, wobei man allerdings meines Erachtens durchweg zuwenig berücksichtigt, daß neben den die Haut treffenden Reizen auch das eingeatmete Luftkolloid bei der klimatischen Wirkung mitspricht, so darf auch die praktische Klimakunde nicht an den grundlegenden Untersuchungen von WEZLER, Frankfurt vorübergehen. WEZLER prüft zunächst die typische vegetative Reaktionslage des Individuums als Ausgangslage; der physiologischen Methodik ergaben sich in flüssigen Übergängen zweierlei Formen des vegetativen Ruhezustandes des Individuums, seiner vegetativen Struktur, die als ergotroper oder histotroper Typus zu bezeichnen sind. Unter bestimmten Belastungen, zu denen auch klimatische Reize gehören können, kommt es dann zu bestimmten, wieder individuell gesetzmäßigen, aber stark schwankenden Reaktionen, die für die Bäderwirkung bereits teilweise studiert sind. In der Klimatherapie fehlen solche Untersuchungen noch. Die Untersuchungen von Wezler machen die vielfach sehr unklar erscheinenden Gründe der verschiedenen Reaktionen des einzelnen Menschen auf klimatische Reize verständlicher. Sie zeigen, wie sehr die vegetativen Reaktionen aneinandergekoppelt sind und wie sehr die augenblickliche Reaktion des Organismus auch von der momentanen psychischen Einstellung gegenüber dem Reiz abhängig sein kann. Sicher ist die „dynamische Reaktionslage des Organismus" (v. Neergaard), seine *momentane Konstitution* für die *Klimatotherapie* oft viel *wichtiger als* seine rein *morphologisch erfaßbare*. Die Krankenbehandlung im Kurort hat noch zu beachten, daß die Krankheit an sich sowohl über das physiologisch Bedingte der Reaktionslage einerseits, als auch anderseits über das örtlich lokalisierte Krankheitsgeschehen hinaus die Ansprechbarkeit verschieben muß. Es erscheint praktisch auch wichtig zu betonen, daß man diese physiologischen Reaktionen oder mit bestimmten Krankheiten in Verbindung stehenden individuellen Reaktionslagen, die ihrerseits für bestimmte Reaktionen typisch sind, streng trennen muß von einer *Überempfindlichkeit* gegen *Klimareize*, die ihrerseits wieder variieren kann. Es gibt bestimmte Menschen, die durch besondere Veranlagung auf klimatische Reize so stark reagieren, daß wir diese Empfindlichkeit schon als etwas Besonderes ansprechen dürfen. Raettig und Nehls konnten zeigen, daß es nur eine ganz kleine Gruppe von wetterfühligen Menschen war, die bei bestimmten meteorologischen Bedingungen eine Lungenembolie erlitt. Die individuelle Bereitschaft für meteorologische Reize zeigen auch die Untersuchungen von Preuner über das experimentelle Asthma bronchiale beim Kaninchen; auch diese Tiere waren sehr verschieden meteorotrop. Besteht nun eine *Parallele* zwischen der *Reaktion* auf *klimatische* und der auf *meteorologische Reize?* Hellpach hebt aus der Gattung der *Wetterfühligkeit* die *Wetterempfindlichkeit* heraus, bei der es nur zu örtlichen Beschwerden kommt (z. B. Nervenschmerzen). In seinem „Versuch einer Witterungslehre" hatte Goethe schon geschrieben, daß eine „kränkliche" Natur dazu gehöre, die atmosphärischen Zustände wahrzunehmen, und tatsächlich ist die *Wetterfühligkeit* nicht selten an eine neuropathische Veranlagung gekoppelt. So sind diese „reizbaren" Menschen nicht selten auch *Wetterhypochonder*. Es erschien mir deshalb (1937) als eine besondere Aufgabe des Arztes im Kurort, die Kranken dazu zu erziehen, mit diesen Empfindungen fertig zu werden, und sich durch entsprechende Freiluftbehandlung abzuhärten. J. H. Schultz hat diesen Gedanken fortgeführt: „Bei aller Anerkennung von Wetterfühlbarkeit und Wetterschäden muß der zivilisierte Nervöse davor bewahrt werden, für jede Unlust- und Haltlosigkeitsreaktion „das Wetter" als Ersatz und Entschuldigung zu mißbrauchen." Andererseits muß die Kurortbehandlung auch die wetterfühlige, oft migränoide Veranlagung manches Menschen berücksichtigen. Schmauss meint, der Mensch, der das Wetter berücksichtige, solle dann auch weniger Ärger über sich empfinden, wenn er sich in subtropischen Luftmassen befindet, angenehme Luftkörper verpflichten dann aber auch zur konzentrierten Arbeit. Und diese Betrachtung gilt auch für die Anforderungen der klimatischen Behandlung, einschließlich des Sports, nicht nur beim Kranken, sondern auch beim nur erholungsbedürftigen Menschen. Beobachtungen bei echtem *Föhn* konnte ich nicht sammeln; einen solchen gibt es nicht im Taunus. Bei Nordwestwind löst sich zwar nicht selten die Bewölkung im Lee des Taunus so auf, daß eine „Föhnlücke" (LINKE) über den Hangstationen entsteht, eine Aufklärungszone am Taunusrand. Sie ist eine wichtige Klimaeigentümlichkeit der Hangkurorte, aber keine Wettersituation, die nachteilige Einwirkungen auf den Menschen hat. FLACH weist mit Recht darauf hin, daß in der Bioklimatologie zwischen heilklimatischen und pathogenen Wirkungen des Wetters und Klimas zu unterscheiden ist. Eine klimatisch-meteorologische Situation kann im einen Fall heilend, im anderen krankheitsauslösend sein. Die *differente Wirkung der meteorogenen Einflüsse* in der *Stadt* und im *Heilklima* hat sicher großes Interesse für die Meteoropathologie.

„Die Frage wäre zu stellen, ob z. B. krankheitsauslösende Witterungsvorgänge im freien Land in anderer Weise den Organismus treffen, als in dem besonderen städtischen Klima; ob jemand, z. B. nach einer Operation, im geschlossenen Raum oder auf einem Freiluftliegebalkon emboliegefährdeter ist. Die Annahme scheint jedenfalls berechtigt, daß *Orte mit einem geschützten Klima weniger pathogene Wetterlagen* aufweisen, weil die Gunst der orographischen Lage schroffe Frontendurchgänge abschwächt, vorausgesetzt, daß sie oberhalb von Inversionsschichten liegen und die lokalklimatischen Voraussetzungen durch reinigende Konvektionsvorgänge usw. Luftstagnationen verhindern." (AMELUNG 1938.)

Durch die neuesten Arbeiten von FLOHN über die pathogene Wirkung des freien Föhns wird die günstige Lage, auch im Sinne der Meteoroprophylaxe, solcher *heilklimatischer Lagen oberhalb von Inversionsschichten* auch in anderer Betrachtung unterstrichen. Immer ist mir aufgefallen, wie wenig unsere Patienten über Narben-, Nerven-, Rheuma- usw. Schmerzen beim Durchzug von Unstetigkeitsschichten usw. klagten, während das Allgemeinbefinden schon eher Störungen auswies. (Vgl. auch die Abschnitte über Bronchialasthma, Migräne, Angina pectoris usw.) Andererseits kann der vermehrte Freiluftgenuß an sich die Wetterreaktionen verstärken. Bestehen aber Beziehungen zwischen Wetterüberempfindlichkeit und Allergie, so kann auch hier schon der Kurort (ich verweise auf die Darstellung der Allergosen) „desensibilisieren", abgesehen von der vermehrten Möglichkeit zur „Abhärtung" im weiteren Sinne des Wortes. Die Umwandlung des „Zimmermenschen" zum „Freiluftmenschen" ist die beste Therapie der Wetterüberempfindlichkeit.

Meines Erachtens ist eine *Änderung in der Empfindlichkeit* für *atmosphärische Einflüsse* in den letzten Jahrzehnten eingetreten. (Belege in „Biologie der Großstadt"). Wenn noch um die Jahrhundertwende erfahrene Frankfurter Ärzte Erholungsbedürftigen anrieten, in Königstein zunächst nur mit geschlossenem Fenster zu schlafen und bei dem Luftbad sehr vorsichtig zu sein, weil die Luft so stark sei, so war dieser Vorschlag bei den vielen luftentwöhnten verpimpelten Großstadtmenschen der damaligen Zeit nicht ganz so unberechtigt. Das Vorkommen von Bäderreaktionen ist nicht zu bezweifeln. Uns interessiert hier die Frage, ob es über die eigentlichen Akklimatisationsbeschwerden hinaus auch *echte Klimareaktionen im Mittelgebirge* gibt. Bekanntlich hat BIELING bei der Mittelgebirgsbehandlung solche klimatischen Wirkungen für die dritte Woche beschrieben, und wir selbst sehen immer wieder etwa zu diesem Zeitpunkt Störungen im Kurverlauf körperlicher und psychischer Natur mit Abreisewillen, die nicht nur psychologischer Natur sind. Bedenkt man die LAMPERTsche Typenlehre, so könnten die Menschen des Typus A durch ihre verlangsamte Reizansprechbarkeit die Akklimatisationsstörungen erst später zeigen, allerdings kennen wir auch Kranke, die als B-Typ zu bezeichnen waren und erst in der dritten Woche reagierten. Auch die noch zu beschreibenden Veränderungen des weißen Blutbildes sprechen meines Erachtens im Sinne einer echten Klimareaktion analog der Bäderreaktion. Der von KÜHNAU (mit SCHLÜTZ) geführte *einwandfreie Beweis*, daß es auch chemisch und physikalisch nachweisbar zu einer Bäderreaktion kommt, ist für die Klimareaktion *noch nicht erbracht*; analoge eigene Versuche, durch quantitative Bestimmung der Bluteiweißfraktionen während der Klimakur den klimatischen Reaktionen näher zu kommen, mußten durch den Kriegsausbruch abgebrochen werden. Zur Linderung von akuten Reaktionen durch meteorologische oder klimatische Einflüsse haben sich uns neben dem alten ERBschen Pulver Optalidon und Belladenal bewährt. Für den Heilerfolg ist eine Klimareaktion nicht erforderlich. Man muß wissen, daß es auch *nach der Klimakur bei der Heimkehr* zunächst zu rein *klimatischen Reaktionen* neben verständlichen psychologischen durch das Gewöhnenmüssen an ein reizschwächeres Klima mit anderem Aerosol kommen kann, und man tut gut daran, den Kranken auf solche etwaige vorübergehende Verschlechterung des Befindens zu Hause aufmerksam zu machen. Diese Akklimatisationserscheinungen zu Hause sind natürlich nicht mit der „Nachreaktion" (S. 13) zu verwechseln.

1937 berichtet GÄNSSLEN über sichtliche *Veränderungen des weißen Blutbildes* bei der Bevölkerung von Frankfurt/Main und Umgebung (vgl. Tab. 7); GÄNSSLEN nahm an, daß es sich hier um tiefergehende Ursachen, vielleicht geographisch-klimatischer Art handeln müsse. *1935* hatte *ich* darauf aufmerksam gemacht, daß es *im Mittelgebirge* unter der klimatischen Behandlung zu einem *Anstieg der Lymphocyten* käme und diese Lymphocytenvermehrung unter Klimareizen als „*Akklimatisationslymphocytose*" bezeichnet, zumal SALINGER an der Meeresküste bei allerdings sehr kleinem Krankengut (16 Personen) und HARTMANN auf der Himalayaexpedition ähnliche Lymphocytosen beobachtet hatten. Auf meine Veranlassung hat dann PRZEMECK August 1938 bei 50 Insassen eines sozialen Heims in Königstein das Blutbild 4 Wochen lang verfolgt. Wir haben selbst in den letzten 2 Jahren nochmals eine sorgfältige Kontrolle des Blutbildes während des Kuraufenthaltes durchgeführt. (Kriegseinflüsse waren nicht nachweisbar.) Im ganzen wurde (nur von 2 Untersucherinnen) bei 299 Personen das Blutbild bei der Ankunft (I), nach 14 Tagen (II) und nach 4 Wochen (III) bestimmt. Obwohl von vornherein nur solche Personen ausgesucht wurden, bei denen eine krankhafte, im Blutbild manifeste Veränderung nicht anzunehmen war, wurden doch jetzt von mir bei nochmaliger Durchsicht der Krankengeschichten 145 Blutbilder ausgeschieden. Hier konnten entweder das Krankheitsbild an sich (z. B. leichte Anämien, geschlossene Tbc., feuchte Herzschwäche, postinfektiöse oder postoperative Rekonvaleszenz, auch inkretorisch bedingte Magersucht, die eine ganz andere Kurve hat), oder die Therapie (z. B. auf Lymphocyten wirkende Medikamente, Bestrahlungen mit künstlichen Strahlern, Eigenblutübertragungen, auch Zahnbehandlung), interkurrente Infekte usw. störend wirken. Da SCHEER inzwischen auf den Einfluß des Rauchens auf das weiße Blutbild aufmerksam gemacht hatte, wurde deshalb auch das Blutbild stärkerer Raucher nicht berücksichtigt. Unsere Ergebnisse bringt Tab. 7 und Abb. 2.

Tabelle 7. (Erklärung im Text.)

Alte Normalwerte (NAEGELI): 20—25% Lymphocyten
6000—8000 Leukocyten

Werte nach GÄNSSLEN: a) Arbeitsdienst 34,3% Lymphocyten
(1937) Bad Homburg und Königstein 6340 durchschn. Leuko.-Z.
b) Med. Poliklinik 30—32% Lymphocyten
Frankfurt/Main 6300 durchschn. Leuko.-Z.

Eigene Untersuchungen 1939/40

		Zahl der Fälle	Lymphocyten %	Durchschnittliche Leukocytenzahl	Absolute Lymphocytenzahl
Lymphoc. bis zu 40%	I.	110	30,8	6660	2051
	II.	110	36,6	6660	2438
	III.	92	34,0	6330	2152
Lymphoc. über 40%	I.	44	45,4	6360	2887
	II.	44	41,2	7000	2884
	III.	35	38,8	6650	2580
Alle Werte zusammen	I.	154	35,5	6580	2303
	I.	154	37,9	6740	2254
	III.	127	35,4	6520	2308

Untersuchungen von PRZEMECK, *August 1938, Königstein/Taunus*

		Zahl der Fälle	Lymphocyten %	Durchschnittliche Leukocytenzahl	Absolute Lymphocytenzahl
Lymphoc. bis zu 40%	I.	37	32,4	5970	1870
	II.	36	39,0	5050	1970
	III.	31	32,9	5870	1931
Lymphoc. über 40%	I.	13	47,3	5350	2530
	II.	13	43,1	4410	1901
	III.	11	37,5	5450	2044
Alle Werte zusammen	I.	50	36,3	5720	2076
	II.	49	40,6	4660	1869
	III.	42	34,1	5769	1965

Es war mir bei der Betrachtung der Blutbilderkurven aufgefallen, daß bei einem Ausgangswert von etwa 40% Lymphocyten der Verlauf der Lymphocytenkurve anders erschien, je nachdem der Ausgangswert größer oder kleiner als 40% war. Wir haben deshalb jetzt noch die Lymphocytenwerte aufgespalten, in solche bis und in solche über 40% und nachträglich entsprechend die Protokolle von PRZEMECK unterteilt (dabei ergab sich nebenbei ein Rechenfehler PRZEMECKS, indem er 30% statt 36,3% fand; die Tabelle berücksichtigt die Berichtigung). Beide unabhängig voneinander ausgeführten Untersuchungen, unsere jüngsten an einem mehr als 3mal so großen Krankheitsgut, zeigten bei den Werten bis 40% eine deutliche Steigerung von etwa 20% der relativen Lymphocytenwerte, die sich auch in der absoluten Zahl ausdrückt. Nach 4 Wochen fallen die Lymphocyten wieder, haben dabei vielfach, aber nicht immer den Ausgangswert erreicht. Bei den Werten über 40%, also bestimmt erhöhten Werten, tritt unter der klimatischen Behandlung ein deutlicher Abfall ein; auch die absolute Lymphocytenzahl zeigt diesen Rückgang. Bei den Leukocyten ergibt die Gruppe unter 40% bei den Untersuchungsreihen beider Untersucher eine Neigung zur Verringerung. Die Leukocyten zeigen bei unseren neuen Untersuchungen in dem Wert nach 2 Wochen nicht die Reduktion wie bei PRZEMECK; diese geringen

Unterschiede sind praktisch bedeutungslos und sind wohl dadurch bedingt, daß
Przemeck ein ganz einheitliches Menschenmaterial (mittlere Eisenbahnbeamten)
während eines Sommermonates beobachtete und untersuchte, während unsere
Untersuchungen zwar an Blutbildgesunden, aber durch Alter (der älteste 86 Jahre!),
Geschlecht usw. stark verschiedenen Menschen durchgeführt wurden. Die Bear-
beitung der Zusammenhänge zwischen den Veränderungen des weißen Blutbildes

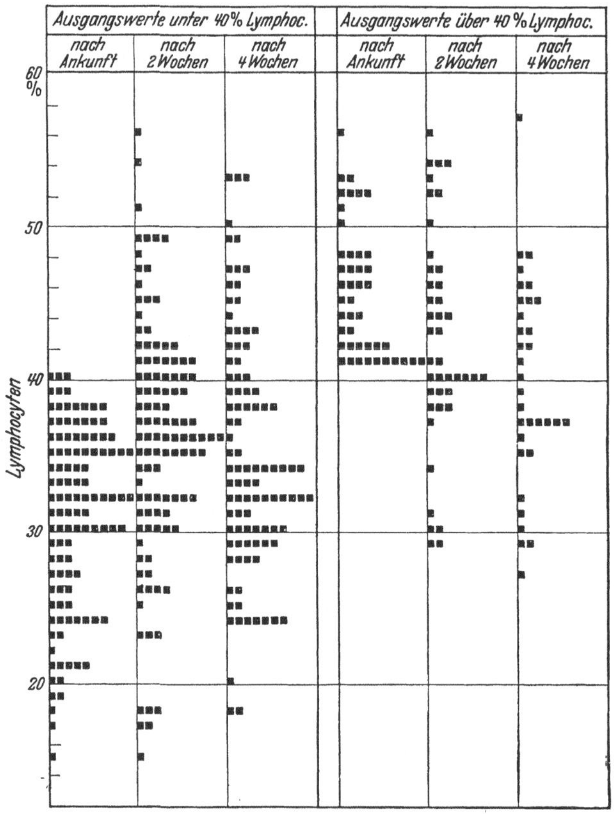

Abb. 2.

und Jahreszeiten und Witterung soll bei noch größerem Material später besprochen werden (zusammen mit Kuhnke); ebenso soll später erst der Ablauf
der mononucleären und eosinophilen Zellen dargestellt werden; bei den letzteren
sind ja jahreszeitliche Einflüsse wohl bekannt (de Rudder). Bei Betrachtung
der Werte am Tag nach der Ankunft ergibt sich eine *weitgehende Übereinstimmung*
mit denen von Gänsslen. Letzterer fand bei Untersuchungen in einem Arbeits-
lager in Königstein und Bad Homburg (also ebenfalls am Taunushang) eine
Lymphocytose von 34,3%, Przemeck eine von 36,3 und wir eine von 35,3%.
Ähnlich liegen die Werte auch für die absoluten Lymphocyten und Leukocyten.
Die Großstadtwerte der Rhein-Main-Ebene nach Gänsslen (also die in der Ebene,
einem ganz anderen Klima gewonnenen) liegen durchweg für die Lymphocyten
etwas niedriger. Wieweit die Werte am Tag nach der Ankunft schon den Klimawechsel ausdrücken, wage ich nicht zu diskutieren, die Möglichkeit besteht; eine

Abhängigkeit der Werte von der Reisedauer oder dem Heimatklima (Main-Ebene, Rheinland, Westfalen, Berlin usw.) ließ sich nicht nachweisen. Die Betrachtung des Verlaufs der Lymphocytose im einzelnen zeigte mehrmals, nicht immer, eine Parallelität zwischen allgemeiner Erholung, Gewichtszunahme und Lymphocytenverlauf. Einige Beispiele:

K. B./m.	37	39	34 %	Lymphocyten
66 J.	3500	6000	6500	Leukocyten
	1295	2340	2210	absolute Lymphocyten
	46,7	49,4	50,8 kg	Gewicht
G. M./w.	24	36	33 %	Lymphocyten
71 J.	5500	6200	6300	Leukocyten
	1320	2232	2079	absolute Lymphocyten
	50,6	52,6	54,4 kg	Gewicht
E. K. /w.	31	40	28 %	Lymphocyten
36 J.	7600	7200	8500	Leukocyten
	2356	2880	2380	absolute Lymphocyten
	48,3	50,1	52,6 kg	Gewicht
Ph. Sch./m.	24	35	32 %	Lymphocyten
55 J.	8700	7700	6600	Leukocyten
	2088	2695	2112	absolute Lymphocyten
	47,1	49,6	51,6 kg	Gewicht

Solche Kranke können in den B-Typ LAMPERTS eingereiht werden. In anderen Fällen war diese Parallelität zwischen Gewichtszunahme und Lymphocytenanstieg weniger ausgesprochen, wie folgendes Beispiel zeigt:

E. St./w.	37	37	39 %	Lymphocyten
65 J.	3700	6900	4200	Leukocyten
	1369	2553	1638	absolute Lymphocyten
	59,0	59,0	60,0 kg	Gewicht

Hier war zwar keine ansteigende relative Lymphocytose, aber bei vorübergehender Steigerung der Leukocyten stiegen auch die Lymphocyten bei der 2. Zählung an; das Gewicht hob sich während des Kuraufenthaltes erst am Schluß und nicht beträchtlich. Der Erfolg war in solchen Fällen katamnestisch betrachtet ebenfalls ein guter; Nachwirkung zu Hause! Die Umstimmung drückt sich schon während der Kur aus in dem Anstieg der absoluten Lymphocytenwerte (diese Beobachtungen entsprächen vielleicht dem Typ A von LAMPERT). Bei anderen Kranken trat bei unveränderter Lymphocytenkurve kein Erfolg ein:

A. L./w.	32	31	31 %	Lymphocyten
67 J.	5200	4000	5000	Leukocyten
	1664	1240	1550	absolute Lymphocyten
	63,1	62,7	62,8 kg	Gewicht

Aber wie gesagt, eine allgemeine Parallelität zwischen Erholung oder Gewichtszunahme und Lymphocytenablauf kann man nicht aufstellen. Zusammengefaßt zeigt der *Verlauf der relativen* und *absoluten Lymphocytenkurve* bei solchen Personen, bei denen das Krankheitsbild oder die Behandlung eine Beeinflussung des Blutbildes nicht annehmen ließen, eine *deutliche Reaktion auf die klimatischen Reize.* Bei Ausgangswerten, die wir heute als normal anzusehen haben, kommt es zu einem *klimatischen Lymphocytenanstieg, der am Schluß der Kur praktisch zu den Ausgangswerten zurückgeht*; bei Werten über 40 % bewirkt die klimatische

Behandlung durch Dämpfung der vegetativ gesteigerten Reaktionslage eine Annäherung an normale Werte. Die an sich heute feststellbare, von GÄNSSLEN zuerst beschriebene generelle Erhöhung der Lymphocytenwerte wäre vielleicht in Parallele zu setzen mit der Acceleration und der Vorverlagerung der Herz- und Gefäßerkrankungen, als eine Folge der vermehrten Reize mannigfaltiger Art (sowohl psychischer wie auch physischer) vor allem auf das vegetative Nervensystem. Wieweit gerade bei dem Blutbild singuläre Zivilisationsschäden mitspielen, wie z. B. Autoabgase, Nicotin, kann man heute wohl noch nicht entscheiden. Betrachtet man die *moderne Lymphocytose im Rahmen der gesamten Zivilisation*, so wird sie besonders interessant, ebenso wie uns der *Lymphocytenverlauf im Kurort als ein Beweis spezifischer Wirkungen der klimatischen Therapie* erscheint.

Die Erfolge bei nicht eigentlich kranken, mehr erschöpften Menschen sind im einzelnen oft schlecht zu analysieren. Bei unseren Beobachtungen war die Änderung des sozialen und auch des Ernährungsmilieus (abgesehen von der Umstellung auf vitaminreichere usw. Kost) nicht von ausschlaggebender Bedeutung, so daß unsere Wahrnehmungen durchaus als Grundlage der Bewertung der Klimakuren angesehen werden können. Neben der psychischen Entspannung soll die *Klimakur* beim erschöpften Menschen eine *Wiederherstellung der dekompensierten Reaktionslage zur kompensierten* bringen, wobei es sich weitgehend darum handelt, die klimatische Behandlung der individuellen Situation anzupassen. Auch bei reinen *Erholungskuren* ist neben der therapeutischen die diagnostische Aufgabe des Arztes im Kurort wichtig. Es dürfen Kranke mit echten Depressionen, die häufig schon zu Hause den Arzt vermeiden und sich im Kurort auch zu tarnen wissen, schon wegen der Suicidgefahr nicht übersehen werden, und solche mit oft als rein körperlich betrachteten Neurosen müssen alsbald psychotherapeutisch erfaßt werden. Personen mit einem „exogen bedingten dekompensierten asthenischen Habitus" (KRETSCHMER) sind, wie schon gesagt, besonders geeignet für die Kurortbehandlung, aber die im Anfang der Krankheit leicht mit ihnen zu verwechselnden Kranken mit echter inkretorisch bedingter Magersucht infolge hypophysärer Störungen sollen rechtzeitig hormonaler Behandlung zugeführt werden, die nach unseren großen Erfahrungen, kombiniert mit Psychotherapie, mit besonders gutem Erfolg im Kurort im Rahmen der Klimatotherapie, allerdings nur im Sanatorium, durchgeführt werden kann.

In dem klimatischen Schrifttum ist viel darüber diskutiert worden, welche *Maßstäbe für die Erfolgfeststellung* der Kuren anzuwenden sind. Das gilt besonders für die reine Erholungsfürsorge. Da aber diese hier weniger besprochen werden soll, sondern die klimatische Krankenbehandlung im Vordergrund der Erörterung steht, und außerdem meine Erfahrungen fast durchweg an Erwachsenen gesammelt wurden, werden die allgemeinen Kurerfolge hier nur kurz besprochen. Als *ein* Maßstab, nicht der einzige und auch nicht der ausschlaggebende, kann die Gewichtszunahme gelten. Man wird sich freilich vergegenwärtigen müssen, daß jede Veränderung des Körpergewichtes komplexer Natur ist (Fettansatz, Wasserspeicherung, Vermehrung der Muskulatur und des Eiweißansatzes usw.). Bei untergewichtigen Personen, bei denen man aus ärztlichen Gründen eine Gewichtszunahme wünscht, ist zu unterscheiden, ob das *Untergewicht* ein anlagebedingtes oder die Folge einer kürzlich überstandenen Krankheit usw. ist. Jedenfalls muß es ein Ziel der Kurortbehandlung sein, eine harmonische Gewichtszunahme zu erreichen. Man sieht anfänglich mit Vorliebe bei älteren Personen, bisweilen aber auch bei jüngeren, daß diese sich subjektiv gut erholen, frischer aussehen, daß ihr Hautturgor ein besserer wird usw., ohne daß mit der Waage eine Gewichtszunahme nachweisbar ist. Hier dürfen wir wohl Veränderungen im Wasserhaushalt annehmen, ohne daß diese im einzelnen zu analysieren sind; nicht selten handelt es sich dann nach unseren Beobachtungen um Rekonvaleszenten, die lange gelegen haben, ohne manifeste Herzschwäche, die jetzt im Kurort unter den neuen Reizen latent gespeichertes Wasser abgeben. Der Arzt muß diese hauptsächlich klimatisch bedingten Einwirkungen, die zunächst eine sichtbare Gewichtszunahme verhindern, kennen, weil die Kurgäste durch sie leicht entmutigt werden. Das erste Ziel der Kurortbehandlung ist, durch Klimawechsel und Dosierung der klimatischen Reize bei entsprechender Ernährung die Umstimmung des Körpers zu erreichen; der Gewichtsansatz kommt dann von selbst, auch ohne daß man eine besondere Mastkost zu verordnen braucht, die viel weniger als eine calorien- und vitaminreiche Normalkost bei körperlicher Betätigung den gewünschten Erfolg gibt. *Rekonvaleszenten,* die schwere Gewichtsverluste erlitten haben, aufzufüttern, ist natürlich viel leichter als anlagebedingte *Untergewichtige.* Auf strenge Durchführung der richtigen Abwechslung von Ruhe und Bewegung ist zu dringen; schlechte Gewichtszunahmen sahen wir wiederholt nach körperlicher Überanstrengung und Nichteinhalten der Liegekur. Welche Zusammenhänge bestehen zwischen *Gewichtszunahme und Wetterlage* (—zyklonales und antizyklonales Wetter — Ruhe oder Wechsel)? Trotz 15jähriger Beobachtungen möchte ich noch keine allgemein gültigen Ergebnisse heute mitteilen. Im Herbst nimmt der Mensch normalerweise mehr zu als im Frühling. Dies braucht aber nicht in jedem Fall für den Kurort zu gelten; hier gilt die Kunst des Arztes, die wetter- und jahreszeitlich bedingten Reizgrößen im örtlichen Klima durch lokalklimatische Einwirkungen und zusätzliche Therapie in seinem Sinne zu lenken. Gewisse Wetterlagen haben vorwiegend einen günstigen, andere einen ungünstigen Einfluß auf das Gewicht. Es ist bekannt, auch von mir schon früher wiederholt betont, daß langanhaltende Hochdruckwetterlagen (besonders im Sommer) eine Stagnation der Erholung bedingen; interpolierte Regentage sind hier aus vielerlei Gründen heilklimatisch erwünscht.

Wir sahen z. B. (1939) in der Zeit von Ende Mai bis Anfang Juli keine so guten Gewichtszunahmen wie gewohnt. Die Wetterlage war, nach einem zunächst kühlen und nassen Mai, in den letzten Maitagen gekennzeichnet durch zunehmenden Sonnenschein und ansteigende Lufttemperaturen. Der Juni war überdurchschnittlich warm, trocken mit mehr als normaler Sonnenscheindauer. Die Luftkörper waren vorwiegend solche gealterten polaren Ursprungs oder subtropische. — Die Spätherbstmonate (1938) Oktober/November zeigten dagegen auffallend gute Gewichtszunahmen. Der Oktober war mild, in den Temperaturen über dem Regelwert und hatte normale Sonnenscheindauer. Die Temperaturen des November waren ungewöhnlich mild mit vermehrtem Niederschlag. Bei den Luftkörpern überwogen auch wieder die maritimer und subtropischer Luft; es herrschte zum Teil unruhiges, zum Teil stürmisches Wetter mit starkem Wechsel. Der Vergleich der beiden Beobachtungszeiten ist sehr lehrreich. Auch im Herbst ist bei mildem Wetter der Wetterwechsel ein wichtiges Stimulans, während im Sommer eine langanhaltende sommerliche Schönwetterlage ausgesprochen erschlaffend wirkt. Auch dieses Beispiel zeigt, daß dem Wetterwechsel, den Frontendurchgängen nicht nur negative, sondern auch höchst positive biotrope Einflüsse zukommen.

Wenn der Kurarzt zu Fragen der Meteorobiologie Stellung nimmt, wie dies in den vorhergehenden Ausführungen schon wiederholt geschah, so geschieht dies weniger, um hierzu einen Beitrag zu liefern, als vielmehr aus der Notwendigkeit des täglichen Umgangs mit Menschen heraus, die plötzlich aus dem Stadtklima in eine naturnähere Umgebung versetzt sind und für die das Wetter jetzt eine große psychische und physische Bedeutung hat. Und weiter wird ja die *Klimatherapie* im einzelnen ständig *durch die jeweilige Wetterlage* beeinflußt. So erscheint es notwendig, abschließend noch einige Bemerkungen über die *Bedeutung einzelner Wetterlagen* und im Zusammenhang damit der *Jahreszeiten*, ebenso wie der einzelnen *Tagesstunden* für die Kurortbehandlung nachzutragen. Schon FREUND und FEIGE hatten auf die *diagnostische Bedeutung von Wetterschmerzen* für die Erkennung rheumatischer Schmerzen hingewiesen. Einige Beispiele, die von mir in vorhergehenden Zeilen gebracht wurden, lassen unschwer erkennen, wie Reaktionen auf Wettereinflüsse z. B. beim Bronchialasthma, bei A. p. und bei der Migräne zur Diagnose des Vorliegens einer organischen Störung mitverhalfen. Der „*Luftkoller*" nach ungewohntem oder verstärktem Freiluftgenuß ist bekannt; kommt es aber bei klimatischer Belastung mit diesem auch zu echten Temperatursteigerungen, wobei die Möglichkeit der Bewegungstemperaturerhöhung und einer Erkältung auszuschließen ist, so ergibt sich daraus die Notwendigkeit, ein bisher im wesentlichen als rein neurasthenisch aufgefaßtes Krankheitsbild mit zahlreichen unklaren Beschwerden diagnostisch zu überprüfen. So sind wir nach diesen klimatischen oder Wetterreaktionen mehrmals veranlaßt worden, nach Fokalherden zu suchen, deren Beseitigung dann für die Behebung des „Erschöpfungszustandes" usw. ausschlaggebend war. Gehäufte, als pathogen anzusprechende Wetterlagen wirken im allgemeinen im Beginn ihres Auftretens viel markanter. Wichtig ist dabei freilich in erster Linie wieder die jeweilige Reaktionslage des Menschen; bei der sich auch in zahlreichen humoralen Abläufen zeigenden Frühjahrsüberempfindlichkeit gegen klimatische Einflüsse sind ja auch im Circulus vitiosus (neben anderen Faktoren wie vielleicht Vitaminmangel) der Einbruch der vermehrten ultravioletten Reize nach der winterlichen Ultraviolettnacht und die vermehrten Frontendurchgänge, der häufige Wetterwechsel beteiligt. Ist die Reaktionsfähigkeit des Organismus an sich gering wie in den Sommermonaten, so können selbst gehäufte einschneidende Wetterlagen ohne Wirkung vorbeiziehen. So war z. B. der Sommer 1940 gekennzeichnet durch sehr geringe Wetteränderungen bei gleicher Großwetterlage. Am 28. VII. kam es zu gehäuften, etwa 12 böenartigen Kaltlufteinbrüchen innerhalb 24 Stunden. Diese Kaltfrontdurchgänge wurden auffallend gut von allen Kranken vertragen. Andererseits wird eine Schlechtwetterlage im Sommer gerade im Kurort viel schlechter psychisch verarbeitet als in den späten Herbstmonaten oder in den Übergangsmonaten des Frühjahrs, weil allgemein im Sommer mit dem schönen Wetter gerechnet wird.

Vielfach wird eine *Tageseinteilung*, die als *Kranken- oder Kurtag* bezeichnet wird, den klimatologischen Untersuchungen im Kurort zugrunde gelegt (DOVE). Wenn diese Einteilung von Sonnenaufgang (frühestens jedoch 6 Uhr an) bis Sonnenuntergang (spätestens jedoch 8 Uhr abends) rechnet, so wird sie den tatsächlichen Verhältnissen nicht ganz gerecht. Denn gerade in den Sommermonaten ist die Kenntnis der klimatologischen Größen in den Spätabendstunden, besonders bei Schönwetterlagen, in denen sich die Kurgäste gerne lange im Freien aufhalten und durch lokalklimatische Einflüsse starke Änderungen des Klimas mit Erkältungsgefahr usw. eintreten können, von großer Bedeutung, und daß auch das nächtliche Klima für den Schlaf usw. sehr wichtig ist, wurde ja schon betont. Die Kurortbehandlung sollte den neuesten Forschungen über den *24-Stunden-Rhythmus* zahlreicher Tätigkeiten des Organismus besondere Beachtung schenken; auf die durch die rhythmische Forschung bewiesene Forderung des Vormitternachtsschlafes des Herzkranken wurde schon hingewiesen. Es spricht auch vieles dafür, daß eine wetterfühlige Reaktionslage des Organismus einer rhythmusüberempfindlichen entspricht. Es ist wichtig, daß die Hauptmahlzeiten zu den Stunden eingenommen werden, in denen die für die Verdauung wichtigen Drüsen im Rhythmus den Höhepunkt ihrer Tätigkeit erreicht haben. Während dieser dissimilatorischen Phase verarmt die Leber an Glykogen, und der Mensch ist keinen schweren Anstrengungen gewachsen. Werden ihm zur Mittagszeit große körperliche Belastungen zugemutet, wie z. B. ein kaltes Schwimmbad, so können schwere Schäden bis zum plötzlichen Tod eintreten; Ähnliches gilt auch für Sonnenbäder. Auch aus solchen Erwägungen heraus ist nicht nur bei Kranken, sondern auch bei den meisten rein Erschöpften auf die Durchführung einer körperlich und psychisch entspannenden Mittagsruhe zu dringen. Wesentlich für den Kurerfolg ist auch, ein planloses Zufrühaufstehen zu verhindern; bei Herzkranken usw. ist das Frühstücken im Bett wichtig. Eine im Hause eingenommene Vesper bürgt mit dafür, daß der Kranke die Nachmittagsruhe einhält.

VI. Die Auswertung eigener experimenteller Untersuchungen für die Klimaheilkunde.

a) Die ultraviolette Strahlung.

In der Klimatotherapie ist die *Sonnenbehandlung* ein wichtiger Teil. In den allerletzten Jahren hat die Forschung besonders auf dem Gebiet des *ultravioletten (UV.) Teils des Spektrums* große Fortschritte gemacht, die auch in der praktischen Klimaheilkunde zu einer Revision bisheriger Anschauungen nicht nur über das Sonnenbad usw., sondern vor allem über die *biologische Wirkung* des *Schattens* führen müssen. Die heilklimatische Bedeutung des langwelligen (des sichtbaren und infraroten) Teils des Sonnenspektrums kann hier vernachlässigt werden, weil keine für Arzt und Hygiene ausschlaggebenden neuen Ergebnisse vorliegen. *Die Trennung zwischen Schatten- und Sonnenlicht verwischt sich im Bereich des UV.s immer mehr.* Bis vor wenigen Jahren war die lichtklimatologische Betrachtung bestimmt durch die Ergebnisse der Hochgebirgsforschung, und eingehende Strahlungsuntersuchungen aus dem Mittelgebirge sowie von der Meeresküste lagen nicht vor. Die Meßmethodik war entweder so kompliziert, daß nur einige Institute die nötige Einrichtung und Erfahrung besaßen, oder es wurde mit unzureichender Methodik, die keine Vergleichsmöglichkeit bot, nur kurzfristig gearbeitet. So erwiesen sich die UV.-Messungen mit dem UV.-Dosimeter der IG.-Farben zur Vergleichsuntersuchung als unbrauchbar, solange noch diese Apparatur mit Uviolglasröhrchen versehen war. In den letzten 3 Jahren ist es gelungen, durch die Einführung der Quarzglasröhrchen und weiterer Vervollkommnung der Apparatur zu einer Methodik zu gelangen, die verhältnismäßig einfach ist und sichere Vergleichswerte gibt (MÖRIKOFER). Arbeiten mit dem eben beschriebenen Dosimeter oder monochromatisch im natürlichen Licht, sowie spektrale Untersuchungen an künstlichen Strahlern (vor allem I. HAUSSER, und HENSCHKE und SCHULZE, sowie HESS, LANGEN, RIEMERSCHMID) zeigten die bisher kaum beachtete *Bedeutung des Teils der UV.-Strahlung, der nach der langwelligen Seite des Spektrums sich erstreckt und in dessen sichtbaren Teil übergeht, nämlich des UVA.* (315—400 mμ). Während das UVC., unter 280 mμ, sich nicht in der Natur, sondern nur in künstlichen Strahlern — Höhensonne Hanau — findet, kommt dem UVB. (280—315 mμ) nach wie vor als Hauptbildner des Vitamins D große biologische Bedeutung zu. Aber sehr vieles spricht auch dafür, daß das *UVA.*, von dem bis heute schädigende Einwirkungen nicht bekannt sind, *biologisch sehr wichtig* ist. Das UVA. hat kaum erythem-, vielmehr direkt pigmentbildende[1] Eigenschaften. Die zweite wichtige neue Erkenntnis ist die, daß der *Anteil* des *Himmelslichtes* besonders in Lagen unter 1000 m, also im Mittelgebirge und in der Ebene, und bei zunehmend sinkendem Sonnenstande einen ganz großen Prozentsatz (50—90%) der gesamten UV.-Einstrahlung ausmacht. Es ist also praktisch so, daß der „Sonnenschatten" noch kein „Ultraviolett"schatten ist. Im UV.-Teil des Himmelslichtes selbst kommt es bei tiefstehendem Sonnenstand, im Winter und in den Übergangszeiten sowie am Morgen und in den Abendstunden zu einer Verschiebung nach der langwelligeren Seite des UV.-Spektrums, nach dem UVA. Drittens hat sich ergeben daß für die einstrahlende Menge des Himmelslichtes die *Horizontalabschirmung* bedeutungsvoll ist. Das „biologische Dunkel" der Großstadt ist weniger bedingt durch die Trübung der Luft als durch die Bauweise (vgl. auch die Abhängigkeit der Rachitis von der Siedlungsform, GRASER). Tab. 8 gibt eine *Zusammenstellung* der *bisher bekannten UV.-Messungen* mit einwandfreier Methodik an heiteren Tagen. Am ausführlichsten sind die Messungen von AMELUNG und KUHNKE in Königstein und von VOIGTS in der Lübecker Bucht. Sie werden ergänzt durch solche von L. SCHULZ in Braunlage und L. HUDLETT an der Nordsee-Meeresküste. Die Werte sind aus verschiedenen Jahren (1938, 1939 und 1940) gewonnen; es ist daher verständlich, daß auch Schwankungen der Mittelwerte durch die verschiedene Witterung eintreten müssen. Im großen und ganzen aber ergänzen sich die Messungen. Bei den Winterwerten ist die Schneedecke zu berücksichtigen, die 1940 eine viel länger dauernde war als 1939. Die Schneereflektion beträgt bis 100%. Es ergeben sich für den Nachsommer und Herbst höhere Werte als für den Frühling, was ja schon bekannt war. Im Tagesgang liegt das Maximum um 12 Uhr. Die Werte an trüben Tagen zeigen sehr starke Schwankungen in ihren Minimal- und Maximalwerten; es seien hier nur die mittäglichen Mittelwerte gebracht. Zur bioklimatischen Beurteilung gerade der bei tiefstehender Sonne gewonnenen Werte ist noch nachzutragen, daß bei den Messungen mit dem UV.-Dosimeter ein großer Teil der eingestrahlten Energie im langwelligen Teil des UV.-Spektrums nicht erfaßt wird. Zwar konnten AMELUNG und KUHNKE nachweisen, daß das UV.-Dosimeter wenigstens einen Teil des langwelligen UV.s erfaßt, und VOIGTS, der in einem geschlossenen Raum immer noch eine Verfärbung der Testflüssigkeit von 10 I. E. fand, hat jetzt diese Untersuchung bestätigt, wodurch gleichzeitig nachgewiesen wurde, daß das UVA. Fensterglas durchdringt und wenigstens teilweise von dem Dosimeter erfaßt wird. (Die

---

[1] H. GUTHMANN hat bereits 1927 gefunden, daß längerwelliges UV. intensive Pigmentierung ohne Erythem erzeugt und nahm an, daß diese durch längerwelligere Strahlung erzeugte Pigmentierung ein anderer Prozeß sei als das Erythem mit sekundärer Pigmentierung.

Erklärung zu Tabelle 8.

a) Tagesgang des UV. an heiteren Tagen (Mittelwert).

Normalschrift Werte nach AMELUNG und KUHNKE.

ıııııııı Werte nach VOIGTS [1].

••••••• Werte nach L. SCHULZ.

——— Werte nach HUDLETT (Juli und August von H. gemittelt).

b) Trübe Tage; mittägliche Minima und Maxima in Königstein.

c) Heitere Tage; mittägliche Minima und Maxima in Königstein.

d) Längste erlaubte Bestrahlungszeit in Minuten (t),

(t = 200: Maximum der heiteren Tage).

Es sei auch hier hervorgehoben, daß die unter d) angegebenen Werte von Fall zu Fall schwanken.

Tabelle 8. (Erklärung voranstehend.)

Monat	c)	a)						b)	d)
		8⁰⁰	10⁰⁰	12⁰⁰	14⁰⁰	16⁰⁰	19⁰⁰		
Januar	3—6	0,3	—	4,5	3,0	2,0	—	0—3	33
Februar	2—8	1,4	4,3	5,9	4,9	1,8	—	0—6	25
		—	—	6,0 ••••	—	—	—		
		—	4,0 ıııııı	6,4 ıııııı	4,0 ıııııı	2,0 ıııııı	—		
März	6—12	2,1	6,8	9,2	7,3	1,9	—	0—8	17
		—	—	7,8 ••••	—	—	—		
		—	7,5 ıııııı	10,7 ıııııı	—	—	—		
April	11—13	4,8	10,8	12,0	12,0	4,8	0,4	0—8	15
Mai	10—14	5,5	11,2	12,7	10,7	5,9	0,8	2—14	14
		—	10,0 ıııııı	13,0 ıııııı	10,5 ıııııı	6,2 ıııııı	—		
		—	—	9,5 ••••	—	—	—		
Juni	11—17	7,6	13,5	13,9	13,8	8,6	1,1	4—15	12
		7,4 ıııııı	14,4 ıııııı	19,5 ıııııı	14,3 ıııııı	7,8 ıııııı	—		
Juli	14—16	7,1	12,5	15,3	12,7	8,1	1,0	1—11	13
		7,8 ıııııı	13,3 ıııııı	17,0 ıııııı	13,0 ıııııı	7,8 ıııııı	1,1 ıııııı		
			11,5	16,0	15,0	9,0	—		
August	13—14	5,5	12,7	13,8	12,7	8,2	1,0	2—9	14
September	7—11	3,1	8,1	10,0	8,4	2,9	—	3—12	18
Oktober	6—8	1,8	—	7,0	4,8	2,1	—	1—7	25
				6,3 ••••					
November	5	1,0	—	5,0	3,0	1,0	—	1—2	40
Dezember	2—3	0,2	—	2,4	1,8	0,4	—	0—2	67

Feststellung, daß das langwellige UV. auch bei geschlossenem Fenster, wenn auch in bescheidenem Umfang, in einen Raum dringt, läßt die Forderung nach UV.-durchlässigem Glas als weniger dringlich erscheinen; ein absolutes „biologisches Dunkel" gibt es also auch im fenstergeschlossenen Raum nicht.) Aber Untersuchungen von RIEMERSCHMID zeigten einwandfrei, daß bei einem mittleren Sonnenstande von etwa 16° Erythem und Pigment auftraten, obwohl mit dem UV.-Dosimeter keine Werte zu messen waren, woraus folgt, daß diese Pigmente

---

[1] Anmerkung bei Drucklegung. V. bringt weitere Ergebnisse. Z. angew. Met. **1941**, 169.

durch UV.-Intensitäten erzeugt wurden, die entweder quantitativ oder qualitativ (UVA.) vom Dosimeter nicht erfaßt wurden. L. Schulz fand bei Sonnenhöhe 20—15° immer noch beachtliche Werte (vormittags höher als nachmittags). Es war ja schon immer aufgefallen, daß nicht nur im Hochgebirge, sondern auch im Mittelgebirge und selbst in der Ebene auch bei tiefstehender Wintersonne — im Taunus in Höhen um 500 m — schon Mitte Januar bisweilen mittägliche Pigmentationen auftreten. Diese Pigmentationen sind höchstwahrscheinlich, wie die meisten bei tiefstehender Sonne, UV.A-Pigmente. Daß auch bei niedrigem Sonnenstand UV. B wirksam und damit Vitamin D in der Haut gebildet wird, bewies vor kurzem H. Mai. Ergosterin, in UV.-durchlässige Glasröhrchen gefüllt, wurde unter den verschiedensten Bedingungen Sonne und Luft ausgesetzt und dann auf Vitamin D untersucht; es zeigte sich, daß selbst die Januarsonne in nicht geringem Maße zur Vitamin D-Bildung anregt, und daß sich auch im ungünstigsten Falle, im zerstreuten Tageslicht in beschränktem Umfang Vitamin bildet. Das praktisch nicht hoch genug anzuschlagende Ergebnis aller dieser Untersuchungen ist dieses, daß dem *Freiluftgenuß,* sowohl *im Schatten,* bei *sonnigen und an trüben Tagen,* als *auch bei tiefstehender Sonne,* eine *große bioklimatische Bedeutung* zukommt, die auch außerhalb der Einwirkung auf den Wärmehaushalt, der Einatmung „frischer" Luft usw. liegt, soweit nur irgendwie die bloße Haut in möglichst ausgedehnter Oberfläche von dem Himmelslicht getroffen wird. Die Verbreitung dieser Erkenntnis ist auch der beste Weg, gegen übertriebenen Sonnenkult und gegen Sonnenschäden anzukämpfen. Grundsätzlich erscheint mir wichtig, darauf hinzuweisen, daß man in der Lichtbehandlung noch nicht weiß, mit welcher Anfangsdosis man schon eine biologische Wirkung erzielen kann; die (pharmakologisch ausgedrückt: toxische) Dosis, die ein Erythem erzeugt, entspricht sicher nicht der heilklimatisch bedeutsamen.

Durch die Himmelsstrahlung entsteht also sowohl im Schatten als auch an trüben Tagen durchaus ein Lichtgenuß. Wolkenbildung kann unter Umständen sogar die UV.-Bildung verstärken, man kann also durchaus im Schatten, auch an bewölkten Tagen, bräunen, obwohl es sicher auch Tage ohne, wenigstens meßbares UV., gibt.

Es wäre verlockend, aus den oben angegebenen Meßergebnissen ein genaues Bestrahlungsschema für den jeweiligen Monat und die jeweilige Tagesstunde auszurechnen. Aber nicht nur die Empfindlichkeit des einzelnen Menschen, sondern auch seine jahreszeitlich bedingte *Erythemempfindlichkeit sowie die der einzelnen Körperstellen schwankt sehr.* Die Werte der Erythemdosis (D) [der erste Grad der Erythembildung, zu berechnen aus dem Produkt der jeweiligen UV.-Intensität (i) mal Belichtungszeit in Minuten (T), $D = i \cdot T$] liegen nach Langen in zwei Drittel der Fälle bei Dosen zwischen 200 und 500 — Götz gibt den Wert 300 an, Pfleiderer 200. Unter Zugrundelegung des letzteren, praktisch vorsichtigsten Wertes, könnte man sagen, daß die Erythemdosis mittäglich nach den in Tab. 8d erreichten Zeiten eintritt, allerdings nur, wenn die Haut senkrecht zur Sonne steht, bei horizontaler Lage ist sie wesentlich geringer. Unter Berücksichtigung des Einfallwinkels und der Jahreskurve, deren Maximum im April liegt, kann man für die Sommerwerte in der Praxis schätzungsweise um die Hälfte länger bestrahlen. Für das Frühjahr muß mit einer früheren Erythembildung gerechnet werden. Gewisse Geländeunebenheiten, wie Hanglagen, können durch Abände rung des Neigungswinkels ebenfalls die auf den Körper gelangte UV.-Intensität abändern.

Eine uns interessierende Frage war die, welchen *Prozentsatz der UV.-Einstrahlung* erhält der Mensch, der z. B. eine Liegekur in der *Liegehalle*, auf dem *Balkon* oder im *Zimmer* bei geöffnetem Fenster, durchführt. Im Schrifttum lagen darüber bisher so gut wie keine Angaben vor. Nur TOBERCZER hatte schätzungsweise für eine Höhe von 1000 m berechnet, daß durch die Himmelsstrahlung eine nach Norden offene Liegehalle dem Patienten im Sommer etwa die Hälfte der UV.-Strahlung zukommen läßt, wie eine nach Süden offene, während im Winter kein Unterschied in dieser Beziehung zwischen beiden Liegehallen besteht. Unsere Messungen sind jetzt von VOIGTS nachgeprüft und bestätigt worden. Tab. 9 ergibt die *eingestrahlte UV.-Menge in Prozenten der Werte, die im Freien nachweisbar* sind. Selbstverständlich sind diese Werte nur approximativ zu betrachten. Die Werte sind immer abhängig von der Größe des Horizonts und der Gesamtstrahlung (Sonnenstrahlung und Himmelsstrahlung). MAI zeigte ebenfalls, welchen Verlust der UV.-Teil des diffusen Tageslichtes auf seinem Weg in beschatteten Raum erleidet (da der im Freien gemessene Wert nicht angegeben ist, wurden die Messungen von MAI nicht in der Tab. 9 aufgeführt). Neben der Sonnenhöhe und dem Himmelsausschnitt sind für die Stärke der den Organismus treffenden Strahlung weiter wichtig örtliche Lufttrübungen (Dunstbildung) und die Beschaffenheit des Luftkörpers. V. PHILIPSBORN fand bei Föhnluft, AMELUNG und KUHNKE bei polarmaritimer Luft die stärkste UV.-Intensität; nach Messung der letzteren, denen sich wiederum VOIGTS anschließt, könnten abnorm hohe Werte auf besondere Beschaffenheit der höheren Atmosphäre — Ozonverteilung? — zurückzuführen sein, die an einzelnen Tagen besonders reichlich UV. durchläßt. Der bedeckte Himmel hat immer noch ein Viertel bis halb soviel UV.-Intensitäten, wie der klare zur gleichen Zeit, nur bei Altostratus kann eine sehr starke Abschwächung eintreten. Bei Cirren kann durch vermehrte Himmels-

Tabelle 9.
(Außenluft-Intensität = 100 bei klarem Himmel.)

Raum	%	Messungen in
1. Ostterrasse (Frühjahr ohne direkte Sonne)	37—52	Königstein (AMELUNG u. KUHNKE)
2. Gartenliegehalle (nach Süden offen); im Sonnenschatten	40	Königstein (AMELUNG u. KUHNKE)
3. desgleichen bei direkter Sonneneinstrahlung	75	Königstein (BANSA)
4. SSE-Freibalkon, im Schatten	65	Königstein (BANSA)
5. Hausliegehalle (bei direkter Sonneneinstrahlung)	45	Königstein (BANSA)
6. Zimmer, Südlage, geöffnetes Fenster (gemessen 1 m Abstand vom Fenster)	10—40 (nach Sonnenstand)	Königstein (AMELUNG u. KUHNKE)
7. Zimmer, Nordlage; sonst wie unter 6 angegeben	10—20 (Nach Sonnenstand)	Königstein (AMELUNG u. KUHNKE)
8. Zimmer, 1 m vom geöffneten Fenster; direkte Sonnenstrahlung durch Fensterglas abgefangen	10	Lübeck (VOIGTS)
9. Zimmer bei geöffneten Balkontüren, 2 m Abstand	35	Königstein (BANSA)

strahlung eine Verstärkung der UV.-Strahlung eintreten; ebenso unter besonderen Umständen bei Cumulusbewölkung; auch Nebel kann reichlich UV. durchlassen. Da diese Ergebnisse bei wolkigem und ganz bedecktem Himmel mit dem UV.-Dosimeter ermittelt wurden, besteht die Annahme, daß bei bedecktem Himmel tatsächlich noch wesentlich mehr UV. (im UVA.) einstrahlt. Die Angaben über die einstrahlende UV.-Intensität bei Wolkenbedeckung usw. beruhen größtenteils auf Meßmethoden, die das UVA. nur spärlich erfassen. Die Annahme, daß gerade bei bedecktem Himmel eine prozentual stärkere UVA.-Einstrahlung stattfindet, wird durch Messungen mit einer (allerdings in Europa noch nicht nachgeprüften) amerikanischen Methodik — photochemische Reaktionen in Spezialgläsern — LANDSBERG) weiter bestätigt. Und HESS (Institut LINKE) fand jetzt, daß im Himmelslicht bei niederem Sonnenstand das Maximum bei 455 mμ stärker als bei 415 mμ ist (monochromatische Messungen).

Die Wertschätzung der Ultraviolettstrahlung darf nicht so weit getrieben werden, daß nur diesem Spektralgebiet eine biologische Wirkung zugeschrieben wird (FRIEDRICH und SCHULZE), denn auch die *sichtbare und ultrarote Strahlung ist biologisch und therapeutisch wichtig*, abgesehen von der psychologischen Wirkung der direkten Sonne. Über die Möglichkeiten, bei verschiedenen Erkrankungen die Bestrahlung mit der direkten Sonne durchzuführen, wurde schon gesprochen. Bekannte *Sonnenschäden* hier aufzuführen, ist nicht nötig, nur der Hinweis, daß Kranke mit Erkrankungen der Nebennierenrinde (BANSI) Sonne schlecht vertragen, und wir selbst sahen bei einem vollkommen ausgeglichenen Kranken mit multipler Sklerose nach ärztlich nicht verordneten, forcierten Sonnenbädern ein schweres Rezidiv, das den Kranken um ein Vierteljahr zurückwarf. Der Kranke war übrigens früher Sportlehrer und Sonne gewöhnt. *Gefährlich ist am direkten Sonnenbad*: 1. eine zu starke Erythembildung im Sinne des Sonnenbrands mit der dadurch bedingten Bildung von Eiweißabbauprodukten in der Haut (vgl. Abschnitt über Magenkrankheiten), 2. eine zu große Belastung der thermischen Regulationsmechanismen, indem die starke Einstrahlung auf die unbedeckte Haut, ohne Abkühlung durch Luftbewegung, den Kreislauf zu stark belastet; mindestens so schädlich ist jenes „Braten in der Sonne", indem der Mensch nur auf das Gesicht die Sonne scheinen läßt, im übrigen sich in voller Kleidung ihrer wärmenden Wirkung aussetzt; man verhindert zwar dabei die Erythemgefahr für den übrigen Körper, beschränkt aber sehr jegliche biologische Wirkung und erhöht die Wärmestauung, 3. gibt es auch reine vegetative Reaktionen auf die UV.-Strahlung, ohne Kreislaufbelastung und Erythembildung, bei denen man sowohl Luftkoller wie thermische und meteoropathologische Einflüsse ausschließen kann. Zum Beispiel: Am 18. II. werden nach mehrwöchigen sonnenarmen Tagen Freiluftliegekuren auf geschützten Sonnenterrassen durchgeführt. Die Patienten waren an sich luftgewöhnt. UV.-Werte mittäglich zwischen 6 und 7 IE., Temperaturen wenig unter Nullpunkt bei kontinental-arktischer Kaltluft; keine Frontendurchgänge, keine absteigenden Luftströme. Abkühlungszeit (Katawert im Schatten 30). Am Abend bei mehreren Personen leichte vegetative Reizsymptome, Kopfschmerz, Übelkeit, Schwindelgefühl; keine Erkältungserscheinungen.

Der grundlegende Unterschied zwischen den physikalischen bzw. biologischen Wirkungen des natürlichen Lichtes und dem einzelnen künstlichen Strahler kann hier unerörtert bleiben, da er an anderer Stelle jüngst eingehend dargelegt wurde (AMELUNG in den Arbeiten über „Künstliches Klima" und Klimatologische Übersicht 1941; FRIEDRICH und SCHULZE). Hier aus der Praxis noch die eine Beobachtung, daß heutzutage das Publikum vielfach sich auch unter den künstlichen Bestrahlungslampen mit einer der vielen Lichtschutzsalben einfettet, wodurch leicht die ärztlich erwünschte spektrale Lichtwirkung qualitativ und quantitativ verschoben wird.

b) Das Luftkolloid.

Neben den Strahlungseinflüssen ist das *Luftkolloid* ein beachtenswerter bioklimatischer Faktor, dessen heilklimatische Bedeutung in vielen Punkten freilich entweder noch nicht erforscht oder noch nicht genug gewürdigt ist. Die „*chemische Klimatologie*" hat gezeigt, daß Beziehungen zwischen dem Luftchemismus einerseits und dem menschlichen Befinden andererseits bestehen (H. CAUER). Die *Duftstoffe der Luft*, bald für den Menschen unangenehme, häufig aber auch als angenehm empfundene und für den Organismus vielleicht sehr wichtige Teile des Aerosols („*Luftvitamine*") sowie die *Allergene* seien hier nur noch einmal gestreift. Es erscheint angebracht, auch hier darauf hinzuweisen, daß die bioklimatische Bedeutung des Luftkolloids sich nicht mit der Bedeutung der Allergen- usw. Beimengungen erschöpft und daß eine das Aerosol vernachlässigende, sich im wesentlichen auf die Strahlungsverhältnisse und den Wärmehaushalt beschränkende Bioklimatologie Wichtiges übersieht. Welche *Größenverhältnisse* müssen die *Beimengungen der Luft* haben, um überhaupt *bioklimatisch wirksam* werden zu können? Die größeren und gröberen Staubteilchen werden in den äußeren Atemwegen zurückgehalten und können hier schleimhautreizend wirken; grobe Schmutzteilchen sind weiter ein Problem der Hygiene, weil sie zur Verschmutzung des Körpers führen und die Augenbindehäute reizen können. In die tieferen Atemwege dringen nur solche Staubteilchen ein, deren Durchmesser kleiner als $3\,\mu$ ist (LEHMANN), ($1\,\mu = {}^1/_{1000}$ mm $= 10^{-4}$ cm). In den tieferen Atemwegen bzw. in den Lungenalveolen werden solche Luftbeimengungen zurückgehalten, die in die Gruppe der *Kondensationskerne* gehören. Diese haben nach JUNGE (Institut LINKE) eine Kerngröße (Radius) von 10^{-7} bis $7 \cdot 10^{-4}$ cm und werden mit dem SCHOLZschen Kernzähler erfaßt (Ultrastaub). Das Problem der bioklimatischen Bedeutung der Kondensationskerne ist sowohl ein quantitatives als auch ein qualitatives. Zahlreiche Untersuchungen vergleichender Art sowohl lokalklimatischer, als auch zwischen einzelnen Orten haben eine *vielfache Parallelität zwischen Reinheit der Luft und Zahl der Kerne erwiesen*. Und auch die von uns wiederholt durchgeführten vergleichenden raumklimatischen Untersuchungen haben deutliche Zusammenhänge zwischen der „guten" Luft im Raum und dem Kondensationskerngehalt erbracht und den Wert einer das Luftkolloid berücksichtigenden Lüftung ergeben, die auch im Zimmer dem Kranken etwas „Heilklima" verschafft. Die Abkühlungsgröße ist sicherlich ein wichtiger Faktor für das Wohlbefinden, aber trotz gleicher Abkühlungsgröße kann, wie unsere Untersuchungen gezeigt haben, die Luft entsprechend dem Gehalt an Kondensationskernen subjektiv angenehm oder unangenehm wirken. Freilich ist, wie wiederholt auch von uns betont wurde, *wichtiger als die Zahl die Qualität der Kondensationskerne* — nur daß wir diese infolge mangelnder Methodik heute noch nicht im einzelnen analysieren können. Die Kondensationskerne können neben ihrer Zahl biologisch bedeutsam werden, einmal pharmakodynamisch als Träger bestimmter Stoffe und endlich durch ihre elektrische Ladung. Durch die Untersuchungen von E. KÜSTER über den therapeutischen Einfluß von ionisierter Luft auf die experimentelle Tiertuberkulose ist ja erneut die Frage der *künstlichen Ionisation* als Heilmittel praktisch akut geworden. Wie im einzelnen die in den tieferen Atemwegen zurückgebliebenen Kondensationskerne wirken, d. h. wie aus der Retention eine Resorption wird, weiß man nicht. FLOHN hat berechnet, daß unter normalen Verhältnissen die vom Menschen resorbierten Mengen zwischen 0,1—0,001 mg pro Tag liegen. Bei ihrer feinen Verteilung aber, so meint FLOHN, habe die aufgenommene Materie eine große aktive Oberfläche, wodurch die wirksamen Substanzen sofort durch die Alveolarwände in das Blut gelangen könnten. Unsere zahlreichen vergleichenden Kernzählungen haben gezeigt, wie sehr die Zimmerluft nach der Art und der Dauer der Lüftung abhängt von dem Kerngehalt der Außenluft. Im Zimmerklima kommen vor allem als Kernbildner in Frage aufgewirbelte Schwelungsgase der Heizung neben sonstigen geruchbildenden Stoffen mannigfaltigster Art und auch Kerne, die der Mensch selbst bildet; so zeigte sich z. B. nach der Gymnastik im geschlossenen Raum ein starker Anstieg der Kernzahl durch Schweißbildung und Staubaufwirbelung.

Tabelle 10. (Kernmessungen unter der Cadmiumlampe.)

	Raumluft	Nach Einbrennen	Nach 5 Min. Bestrahlung	Außenluft
A) Cadmiumlampe ohne Filter	2430 K/cm³	12150 K/cm³ nach 1 min Einbrennen Ozongeruch	23085 K/cm³	—
B) mit Uviolfilter	4860 K/cm³	10330 K/cm³	19960 K/cm³	—
C) mit Tempaxfilter	3650 K/cm³	7290 K/cm³ nach 2 min leichter Ozongeruch	17010 K/cm³	2430 K/cm³

Der Unterschied zwischen der Bestrahlung mit der natürlichen Sonne und mit künstlichen Strahlern ist nicht nur bedingt durch die quantitative und qualitative andere Beschaffenheit der Spektren, sondern *unter den künstlichen Strahlern* kommt es zu einer *Änderung des Aerosols.* Für die „künstliche Höhensonne" ist dies, wie bereits erwähnt, schon seit langem nachgewiesen und jetzt von SCHLARB (Institut *Linke*) erneut bestätigt worden. Tab. 10 ergibt eine Übersicht über die Änderung der Kernverhältnisse bei Bestrahlungen mit der *Cadmiumlampe,* die reichlich UVA. enthält und bei der es durch Uviolfilter gelingt, das UVC, und durch das Tempaxfilter das UVB. abzuschirmen (nach unseren neuen Messungen gemeinsam mit W. WIRTH). Diese Untersuchungen zeigen, daß auch bei der Cadmiumlampe eine Kernvermehrung eintritt, die nicht viel geringer ist als die unter der „künstlichen Höhensonne".

c) Die Abkühlungsgröße und die Hauttemperatur.

Für die Klimakunde, insbesondere für die Dosierung klimatischer Reize bei der Freiluftliegekur auf Liegehallen und im Freien, für das Luftbad usw., ist es wichtig zu wissen, welche *Belastungen* der *Wärmehaushalt des menschlichen*

Körpers unter den Verordnungen erleidet. Zur Bestimmung der jeweiligen Abkühlung des Organismus hat man bestimmte dynamische physikalische Größen angegeben, die die Komplexwirkung aus Strahlungsvorgängen, Lufttemperatur, Windstärke und Luftfeuchtigkeit erfassen sollen. Eine eingehende Darstellung dieser, für die Klimatologie an sich recht wichtigen Größen, ist hier nicht möglich. Es sei nur hervorgehoben, daß die „Abkühlungsgröße" keine physiologischen, sondern in erster Linie physikalische Werte ergibt. Für praktische raumklimatische Untersuchungen haben sich Messungen mit dem *Katathermometer*[1] bewährt (BRADTKE, LIESE, v. PHILIPSBORN); die *Behaglichkeitsziffer* wird errechnet aus Lufttemperatur: Katawert. Das *Abkühlungsgerät*[1] von BÜTTNER und PFLEIDERER (Frigorigraph; PB-Apparatur) hat eine konstante Abkühlungsgröße und eine von der jeweiligen Wetterlage abhängige Oberflächentemperatur. Der Vergleich zwischen Hauttemperatur und Behaglichkeitsindex (nach BRADTKE und LIESE) stimmt gut überein mit den Ergebnissen über den Zusammenhang zwischen der Abkühlungstemperatur (nach PFLEIDERER-BÜTTNER) und der integralen Hauttemperatur. Man kann also die mit der Behaglichkeitsziffer gewonnenen Werte in gewissem Sinne mit der Empfindungsskala nach PFLEIDERER vergleichen. Praktische Untersuchungen mit dem Abkühlungsgerät sind bisher im wesentlichen nur von den Erfindern (PFLEIDERER und BÜTTNER) und ihren Schülern durchgeführt worden. Eine geophysikalische Überprüfung durch KESTERMANN (Institut *Linke*) ergab, daß der Frigorigraph für kleinklimatische Untersuchungen einwandfrei ist; jedoch können die gefundenen Formeln nur als Näherungen angesehen werden, besonders bei der Abkühlungsbestimmung im Freien wegen der verwickelten Wechselwirkung der Strahlung, im Raum wegen der erschwerten Erfaßbarkeit schon kleinster Windgeschwindigkeiten, die beträchtlich die Abkühlungstemperatur beeinflussen können. Nachdem BANSA auf meine Veranlassung schon im Herbst 1937 zuerst im Mittelgebirge kurzfristige vergleichende, inzwischen veröffentlichte Messungen mit dem Frigorigraphen durchgeführt hatte, wurden dann systematisch *vergleichende Messungen* von Mitte April 1938 bis Herbst 1939 *an unserer Anstalt* mit der PB.-Apparatur durchgeführt. Infolge technischer Störungen, die auch andernorts im Schrifttum erwähnt werden, fiel zeitweise die eine oder die andere Kugel aus. Im Zusammenhang mit unseren Bestimmungen der Abkühlung überprüfte G. LÖSCHNER (I. D. Breslau 1941) die *Beziehungen zwischen Hauttemperatur und Abkühlungsgröße* bei der klimatischen Therapie im Mittelgebirge durch Untersuchungen an unseren Kranken. Ohne hier eine ausführliche Auswertung der gefundenen Ergebnisse bringen zu können, sollen in folgendem in aller Kürze einige Bilder zeigen, wie die Büttnerkugel die verschiedene thermische Belastung des Organismus unter unserer klimatischen Therapie widergibt. PFLEIDERER gibt für den nackten liegenden Menschen folgende Empfindungsskala an: Stufe (St.) 0 mittlere Abkühlungstemperatur (MT.) 20·, Empfindung (E.) sehr kalt. St. 1 — MT. 22 — E. kalt; St. II — MT. 27 — E. kühl; St. III — MT. 31 — E. indifferent; St. IV — MT. 35 — E. behaglich; St. V — MT. 41 E. warm; St. VI — MT. 46 — E. heiß; St. VII — MT. 48 — E. sehr heiß. Nach

---

[1] Die Schilderung der Katathermometrie, des Abkühlungsgerätes und der thermoelektrischen Apparatur für Hauttemperaturmessungen kann hier übergangen werden, da sie im bioklimatischen Schrifttum leicht zugänglich ist.

unseren Beobachtungen verschieben sich gegenüber den an der Nordsee-Meeresküste gewonnenen Werten die Behaglichkeitswerte im Mittelgebirge in Stufe II—V um etwa 2° nach oben, d. h. Werte, die an der See noch als kühl empfunden werden, können im Mittelgebirge im Luftbad schon als behaglich gelten, wogegen bei höheren mittleren Abkühlungstemperaturen die Wärme im Gebirge früher unangenehm empfunden wird als an der See. Diese Beobachtungen beweisen auch

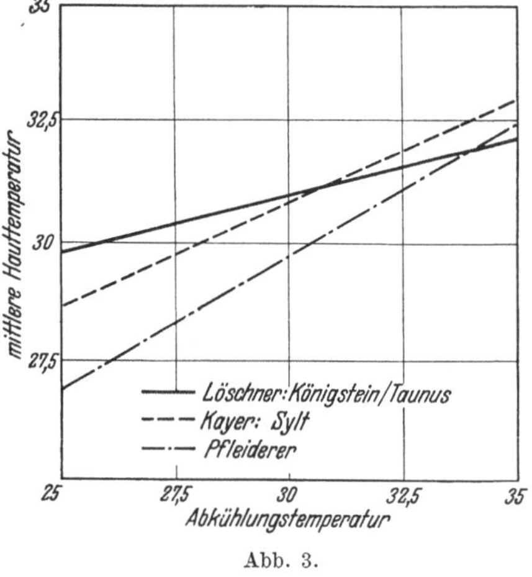

Abb. 3.

die Tatsache, daß durch den stärkeren Windfaktor in der Komplexwirkung der Abkühlungsgröße der Werte an der Meeresküste diese an der See niedriger erscheinen als im Gebirge, wo die Windwirkung gegenüber den anderen Einflüssen zurücktritt. Mit .einem gewissen Vorbehalt wird man sagen können, daß Luftbadliegekuren im Mittelgebirge bei niederen Temperaturen eher möglich sind als am Meer. Abb. 3 (aus I. D. LÖSCHNER) zeigt, daß die Hauttemperaturen in Königstein unter kühlen Bedingungen fast um 3° höher liegen als die Wyker Werte und fast um 1° höher als die Sylter — nur bei höheren Abkühlungstemperaturen liegen sie tiefer. Diese Ergebnisse scheinen mir dadurch bedingt zu sein, daß unsere Patienten, Erwachsene, anfänglich wenig an Luft gewöhnt waren und infolgedessen mit stärkerer Hautwirkung bei kühlen Werten reagierten. Im Laufe der klimatischen Kur wird die mittlere Hauttemperatur häufig niedriger als bei der Ankunft, als Zeichen der „Abhärtung". Es ist selbstverständlich, daß nur solche Anfangswerte und Endwerte miteinander verglichen werden können, die bei denselben äußeren Bedingungen gewonnen sind; auch sind die Hauttemperaturen weiter abhängig von der Wetterlage an sich und der Jahreszeit (SCHEURER).

Die folgenden *Abbildungen* geben einen *Ausschnitt aus dem Tagesgang der Abkühlungswerte* in den einzelnen Jahreszeiten und an den einzelnen Meßstellen.

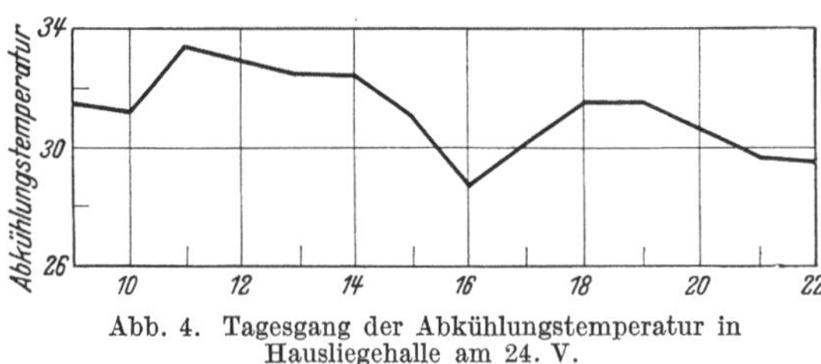

Abb. 4. Tagesgang der Abkühlungstemperatur in Hausliegehalle am 24. V.

Da wir, wie bereits schon erwähnt, in den Sommermonaten auch auf abendliche Freiluftliegekuren großen Wert legen, wurden auch die Werte der Spätabendstunden gebracht — also der übliche Krankentag entsprechend erweitert. MÖRIKOFER weist mit Recht darauf hin, daß durch die Mittelbildung gerade bei der Abkühlungsgröße, wie wohl bei keinem anderen klimatologischen Element, die wahren Verhältnisse verschleiert sind. Bei unseren Ergebnissen sind deshalb die Gesamtwerte aufgespalten in heitere Tage mit über 60% der möglichen Sonnenscheindauer, in solche mit 40—60% Sonnenschein und bewölkte Tage mit 10 bis 40% des möglichen Sonnenscheines und solche mit unter 10%. Regenregistrierungen — also viele Werte besonders der beiden letzten Gruppen, sind nicht zu verwerten, weil die feuchte Kugel falsche (zu hohe) Werte anzeigt und Regenwettermessungen deshalb auszuscheiden sind.

Abb. 4 zeigt den Tagesgang der *Abkühlungstemperatur* in einer heizbaren *Hausliegehalle*. Diese liegt nach SSE und ENE, hat 2 Glaswände mit 4 Schiebefenstern, durch die die Luftzufuhr geregelt werden kann. Die Kurve zeigt den Tagesgang eines mäßig warmen Maitages. Bis etwa nachmittags 15 Uhr scheint die Sonne in die Halle. Die Kugelaufstellung ist in Patientenhöhe am Kopfende. Direkte Sonnenstrahlung gelangt nicht zur Kugel. Mit Weggehen der Sonne sinkt die Abkühlungstemperatur. Die Werte, die bisher für den liegenden, angekleideten Menschen als behaglich zu bezeichnen waren, fallen, und es gelingt für die Spätnachmittagsstunden durch die leicht angestellte Heizung die Temperatur in der gewünschten Behaglichkeitszone zu erhalten.

Abb. 5—7 ergeben den Tagesgang der *Abkühlungswerte* im *Luftbad*: Abb. 5 das Mittel aller Werte, Abb. 6 die Tage mit mehr als 60% Sonnenschein, Abb. 7 solche mit 10—40% Sonnenschein. (Für Oktober/September lagen infolge äußerer Gründe — Kriegsausbruch — zuwenig Werte vor, um zu mitteln.) Abb. 6 zeigt die Werte des 27. IX., eines heiteren, aber infolge vorausgegangener kühler Tage, in seinen Morgenwerten noch relativ kühlen Tages. Die Oktoberwerte sind vom 30., einem warmen Spätoktobertage. Abb. 7 enthält keine Septemberwerte, dagegen

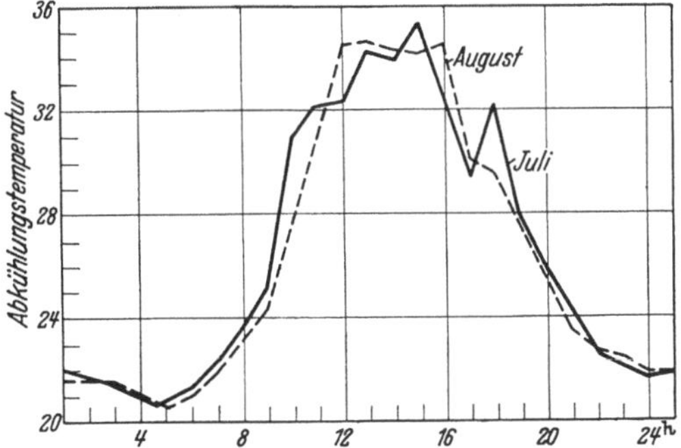

Abb. 5. Tagesgang der Abkühlungstemperatur im Luftbad. Mittel aller Tage Juli und August.

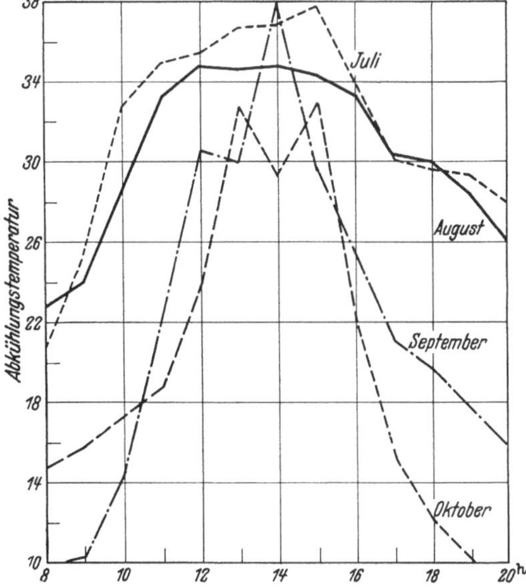

Abb. 6. Tagesgang der Abkühlungstemperatur im Luftbad. Tage mit über 60% der möglichen Sonnenscheindauer.

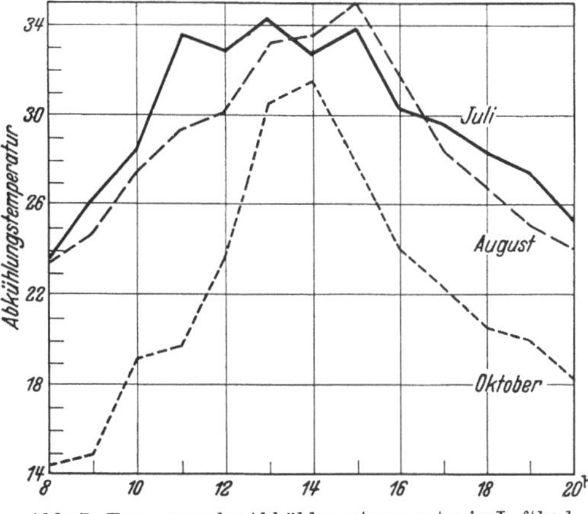

Abb. 7. Tagesgang der Abkühlungstemperatur im Luftbad, trübe Tage (10—40% der möglichen Sonnenscheindauer).

die Werte des 21. X. Das Luftbad liegt an einem Westhang, und im Osten ist ihm ein Wald vorgelagert, wodurch die direkte Sonne erst spät in das Luftbad gelangt. Der späte Sonnenaufgang drückt sich auch in dem steilen Anstieg aller Morgenwerte aus — an heißen Tagen ein Vorzug zur Durchführung der Gymnastik. Die weiteren Werte zeigen, daß im Juli wie August bei behaglicher Abkühlungstemperatur an den heiteren Tagen von etwa 10—18 Uhr Nacktliegekuren durchgeführt werden können, während der Aufenthalt an sich im Luftbad bis 20 Uhr

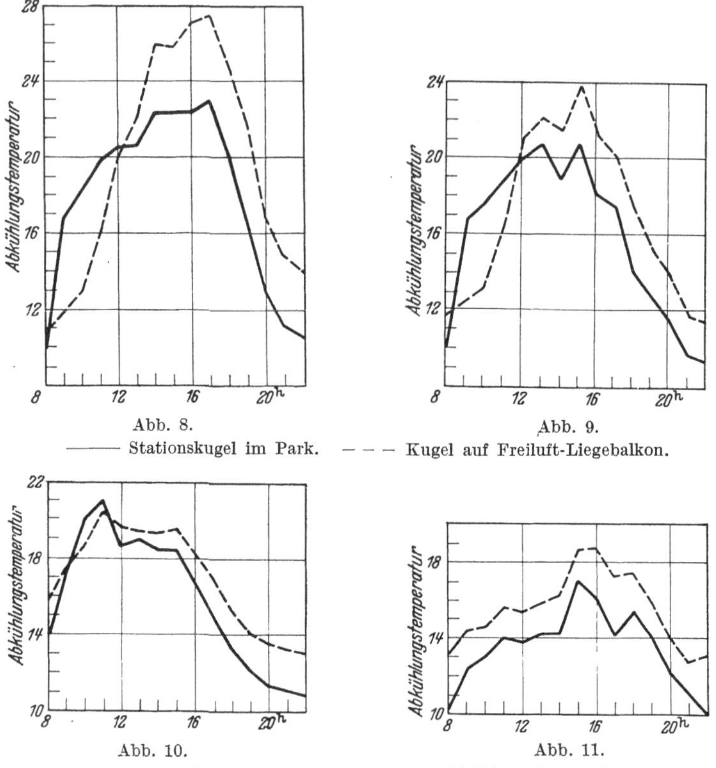

Abb. 8.   Abb. 9.
——— Stationskugel im Park.   — — — Kugel auf Freiluft-Liegebalkon.

Abb. 10.   Abb. 11.
April: Vergleichende Messungen der Abkühlungstemperatur.

Abb. 8. Tagesgang der Abkühlungstemperatur der heiteren Tage (über 60% der möglichen Sonnenscheindauer).
Abb. 9. Tagesgang der Abkühlungstemperatur der heiteren Tage (40—60% der möglichen Sonnenscheindauer).
Abb. 10. Tagesgang der Abkühlungstemperatur der trüben Tage (10—40% der möglichen Sonnenscheindauer).
Abb. 11. Tagesgang der Abkühlungstemperatur der trüben Tage (unter 10% der möglichen Sonnenscheindauer).

bzw. 19 Uhr bei Sport, ohne daß es zu warm oder zu kalt wäre, möglich ist. (Die Kugel war so aufgestellt, daß sie in den Mittagsstunden (Juli/August) von etwa 13—15 Uhr, im schattigen Teil des Luftbades stand.) An den Spätseptembertagen verschieben sich die Zeiten für die eigentliche Liegekur in ausgekleidetem Zustand auf etwa 12—16 Uhr; im Oktober auf $12^1/_2$ bis $15^1/_2$ Uhr. An Tagen mit wenig Sonnenschein ist im Juli und August von 11—17 Uhr die Liegekur gut möglich, im Oktober allerdings nur während einer Mittagsstunde.

Abb. 8—11 zeigen die Abkühlungstemperatur zweier Kugeln in der Zeit vom 13. bis 30. *April*. Die erste (ausgezogen gezeichnete) stand im *Park* in Patientenhöhe in der Nähe der Beobachtungsstation (Stationskugel). Nur in den ersten Morgenstunden wird sie infolge Abschirmung des Hauses nicht von der direkten Sonne erreicht. Die zweite, schraffiert gezeichnete Kugel steht auf einem *Freiluftbalkon*, der nach SE, SW und NW liegt, nach NNE und E geschützt ist. Man sieht, wie die Kugel 2 an den Tagen mit Sonnenschein infolge stärkerer Abschirmung durch das Haus erst viel später die Sonne bekommt, wie dann aber durch Windschutz und Rückstrahlung durch das Haus die Abkühlungstemperaturen auf dem Balkon den ganzen Tag über höher liegen als im Freien. Der Windschutz und die durch die Rückstrahlung bedingte Herabsetzung der Abkühlungsgröße zeigen sich be-

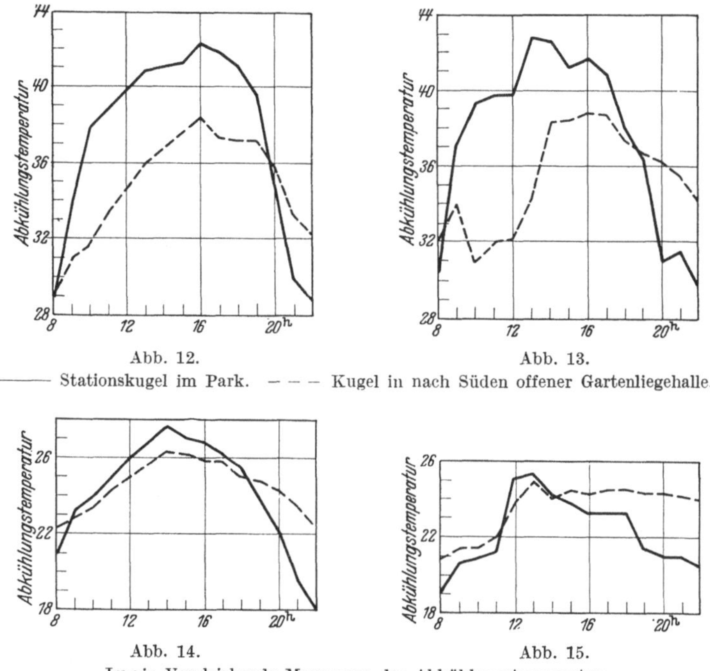

Abb. 12.   Abb. 13.

——— Stationskugel im Park.   – – – Kugel in nach Süden offener Gartenliegehalle.

Abb. 14.   Abb. 15.

Juni: Vergleichende Messungen der Abkühlungstemperatur.

Abb. 12. Tagesgang der Abkühlungstemperatur der heiteren Tage (über 60% der möglichen Sonnenscheindauer).

Abb. 13. Tagesgang der Abkühlungstemperatur der heiteren Tage (40—60% der möglichen Sonnenscheindauer).

Abb. 14. Tagesgang der Abkühlungstemperatur der trüben Tage (10—40% der möglichen Sonnenscheindauer).

Abb. 15. Tagesgang der Abkühlungstemperatur der trüben Tage (unter 10% der möglichen Sonnenscheindauer).

sonders am Abend und an Tagen unter 10% Sonnenschein. Bis etwa 18 Uhr (17—19 Uhr je nach Grad der Bewölkung) ist es möglich, Liegekuren im Freien auf dieser Terrasse mit entsprechender Bekleidung durchzuführen.

Abb. 12—15 zeigen vergleichende Messungen aus dem *Juni*. Hier steht die zweite Kugel in einer zu ebener Erde gelegenen nach Süden offenen *Gartenliege-halle*, bei der durch das Schutzdach ein Teil des Himmels verdeckt wird. Die Kugel steht in Höhe des liegenden Patienten, $1\,^1/_2$ m nach dem Innern der Halle verschoben. An *heiteren* Tagen, in den Morgenstunden, herrschen in ihr durchaus angenehme, für Liegekuren geeignete Temperaturen, während draußen für den angezogenen Menschen die Behaglichkeitsgrenze bald überschritten wird. In den Mittagsstunden von 14—17 Uhr, an heiteren Tagen durch die direkte Sonnenstrahlung auch in der Liegehalle, Überschreiten des thermischen Wohlbefindens. Die Patienten müssen also an solchen Tagen an schattigen Plätzen liegen. (Daß sie im Schatten vielfach auch weitgehend UV.-Genuß haben, wurde in dem Abschnitt über das UV.-Klima geschildert.) Ab 19 bzw. ab 20 Uhr etwa liegen die Abkühlungstemperaturen in der Halle wesentlich höher als draußen. Durch den Windschutz wird die abendliche Abkühlung des Bergwindes in der Liegehalle weniger bemerkbar, und so können noch Liegekuren in normaler Bekleidung bis 22 Uhr durchgeführt werden. Auch an den *trüberen* Tagen (10—40% und unter 10% Sonnenschein) zeigt sich deutlich die verringerte thermische Belastung in

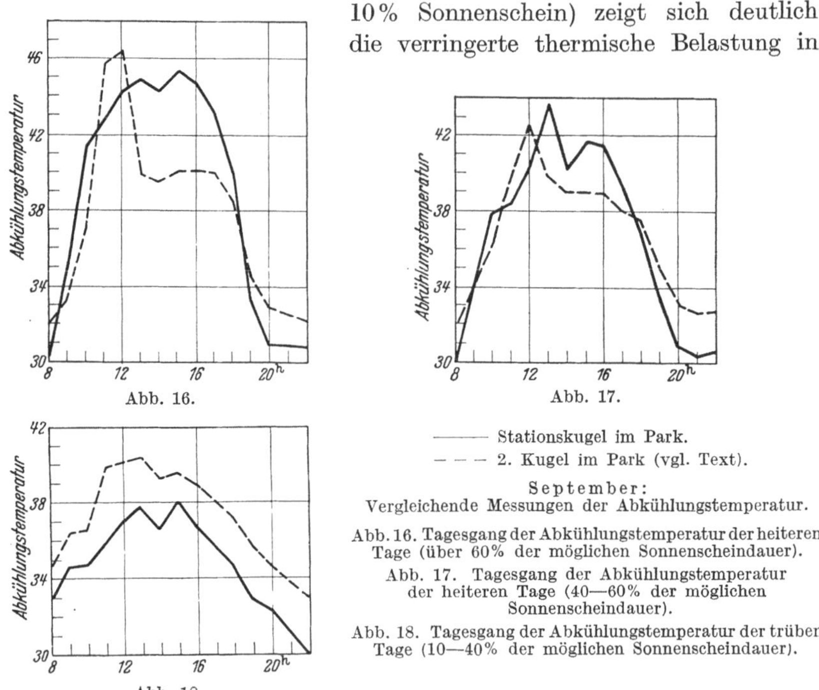

Abb. 16.

Abb. 17.

——— Stationskugel im Park.
— — — 2. Kugel im Park (vgl. Text).

September:
Vergleichende Messungen der Abkühlungstemperatur.

Abb. 16. Tagesgang der Abkühlungstemperatur der heiteren Tage (über 60% der möglichen Sonnenscheindauer).

Abb. 17. Tagesgang der Abkühlungstemperatur der heiteren Tage (40—60% der möglichen Sonnenscheindauer).

Abb. 18. Tagesgang der Abkühlungstemperatur der trüben Tage (10—40% der möglichen Sonnenscheindauer).

Abb. 18.

der Zeit ab 16 Uhr in der Liegehalle. Im Juni ließe sich an heiteren und leicht bewölkten Tagen im *Schatten* der Liegehalle eine Freiluftliegekur in unbekleidetem Zustand ganztags durchführen.

Die Abb. 16—18 zeigen *Vergleichsmessungen* zwischen dem Standort der *Stationskugel* und einer *anderen Stelle des Parks*, die durch Bäume und Buschwerk windgeschützter, zum Teil auch schattiger liegt. An heiteren Tagen zeigt Kugel 2 im Vergleich zur Stationskugel morgens höhere Werte an, weil die Abschirmung der direkten Sonne durch das Haus hier geringer ist und sie windgeschützter liegt. Etwa ab 13 Uhr zeigt die Kugel 2 an heiteren Tagen niederere Abkühlungswerte als die Stationskugel. Die Werte sind noch ziemlich behaglich im Vergleich zu denen der Stationskugel. An Tagen von 10—40% Sonnenschein liegen die Werte der zweiten Kugel dagegen durchweg höher als die der Stationskugel. Durch den Einfluß des größeren Windschutzes wird bei warmer Witterung die Durchführung einer Liegekur im ausgekleideten Zustand auch an sonnenärmeren Septembertagen während der meisten Tagesstunden ermöglicht.

Der Wiener Physiologe A. Durig gab 1937 dem Gedanken Ausdruck, daß, an der aufgewendeten ungeheuren Arbeit gemessen, unsere Kenntnisse in bezug auf die Klärung der Ursachen der Wirkungen von Klima und Wetter immer noch recht bescheidene geblieben sind. Und ähnlich resigniert spricht jüngst A. Schittenhelm in seiner Besprechung des Vogtschen Lehrbuches der Bäder- und Klimaheilkunde von unserem noch recht lückenhaften Wissen von den günstigen und ungünstigen Wirkungen der Bade- und Klimakuren. Wenn ich jetzt zurückschaue auf die im Vorstehenden mitgeteilten Erfahrungen und Überlegungen, so bin ich mir bewußt, mich auf ein wissenschaftliches Gebiet gewagt zu haben, auf dem ganz besonders das ständig wechselnde Zusammenwirken zahlreicher Einzelfaktoren und -abläufe jede Übersicht und jede scharfe Abgrenzung zu verwischen droht; das gilt sowohl für die Klimatophysiologie wie -pathologie. Ich möchte aber hoffen, daß die eine oder andere der mitgeteilten Wahrnehmungen sich als sicheres Ergebnis in den Fortschritt der Klimaheilkunde, einer ärztlichen Disziplin, deren Förderung und Ausbau für die Gesunderhaltung unseres deutschen Volkes so dringlich ist, einbauen läßt, desgleichen, daß von manchen der angeschnittenen Fragen und aufgeworfenen Probleme Anregung zu neuer Arbeit und neuem Suchen ausgeht.

Literaturverzeichnis [1].

ABICHT, I.: Über Wetterfühligkeit bei Rheumatikern. Z. Rheumaforschg 2, 471 (1939). —
AMELUNG, W.: Die Abhängigkeit des Gesundheitszustandes von atmosphärisch-klimatischen
Einflüssen. Arch. Verdgskrkh. 53, 48 — Über den Einfluß klimatischer Faktoren auf rheuma-
tische Erkrankungen. Dtsch. med. Wschr. 1934, 1856 — Heilklimatische Beobachtungen im
Vordertaunus. Balneologe 1934, 495 — Die heilklimatische Bedeutung des deutschen Mittelgebirges. Klin. Wschr. 1935, 421 — Herbstkuren im deutschen Südwesten. Dtsch. med.
Wschr. 1935, 1519 — Die Bedingungen der klimatischen Beeinflussung des Asthma bronchiale im Mittelgebirge. Med. Welt 1936, Nr 11 — Spezifische und unspezifische Wirkungen
physikalischer Therapie. Dtsch. med. Wschr. 1937, 359 — Heilanzeigen und Gegenanzeigen
für klimatische Kuren, insbesondere für solche in deutschen Landen. Dtsch. med. Wschr.
1937, 645 — Dr. GEORG PINGLER, ein hervorragender Hydro- und Klimatherapeut in der
Mitte des vorigen Jahrhunderts (1815—1892). Balneologe 1937, 228 — Klimakuren in
Deutschland. Balneologe 1937, 455 — Freiluftbehandlung nervöser Erkrankungen im Kurort.
Balneologe 1938, 83 — Künstliches Klima, heilklimatisch gesehen. Balneologe 1939, 218 —
Voraussetzungen der klimatischen Behandlung der Tuberkulose in Großdeutschland. Dtsch.
med. Wschr. 1939, 888 — Grenzen des künstlichen Klimas und Notwendigkeit des natür-
lichen Klimas als Heilmittel. Erg. phys.-diät. Ther. 1 (1939) — Abhängigkeit der Erkältungs-
krankheiten von Klima und Wetter. Dtsch. med. Wschr. 1940, 85 — Künstliches Klima.
Lehrb. Vogt 1940 — Umweltwechsel zur Erholung des Großstädters. In DE RUDDER u.
LINKE: Biologie der Großstadt. Dresden, Steinkopff 1940 — Klimatologische Übersicht.
Fortschr. Ther. 1934, 230; 1935, 35; 1935, 610; 1936, 288; 1937, 83; 1938, 33; 1938, 651 u.
1939, 40; 1940, 77 u. 147. — AMELUNG u. KUHNKE: Die biologische Bedeutung der ultravio-
letten Strahlung im direkten und diffusen Sonnenlicht. Dtsch. med. Wschr. 1938, 1345 —
Anforderungen an einen Kurort, heilklimatisch gesehen. Biokl. Beibl. 1938, H. 4 — Weitere
Ergebnisse von Messungen der Ultraviolettstrahlung im deutschen Mittelgebirge. Dtsch.
med. Wschr. 1939, 997. — AMELUNG, W., u. LANDSBERG: Kernzählungen in Freiluft und
Zimmerluft. Biokl. Beibl. 1934, H. 2.

BACMEISTER: Heilklimatische Kurorte (Klimakurorte) und Luftkurorte. Dtsch. med.
Wschr. 1939, 411 — Klimatische Kuren im Mittelgebirge. Verh. dtsch. Gesellsch. innere Med.
1935 — Sanatoriumsbehandlung und Klima. Dtsch. med. Wschr. 1936, 1865 — Die klimatische Behandlung der Tuberkulose. In Lehrb. VOGT. — BAUR: Die Grundlagen der medizinischen Klimatologie. Klin. Wschr. 1923, 1217 — Medizinische Klimatologie. Eigenschaften
und Wirkungen der Heilklimate. Strahlentherapie 20 (1925) — Grundbegriffe der mathe-
matischen Statistik. Med. Welt 1937, Nr 14. — BANSA: Untersuchungen über die Beziehung
zwischen Außen- und Innenklima bei klimatischen Mittelgebirgskuren. Balneologe 1940,
133. — BECHER: Intestinale Autointoxikation. Hippokrates 1940, 1265 — Klin. Wschr. 1937,
1265. — BEHM: Wertung der Witterung für einen Kuraufenthalt. Balneologe 1934, 399. —
BELJAJEW: Verlauf der Angina pectoris im Zusammenhang mit meteorologischen Faktoren.
Balneologe 1936, 427. — BENEKE, R.: Friedrich Wilhelm Beneke als Balneologe. Z. wissensch.
Bdk. 4, 9 (1929). — BENNHOLDT-THOMSEN: Entwicklungsbeschleunigung des Großstadtkindes.
In DE RUDDER u. LINKE: Biologie der Großstadt. Konferenzbericht. Dresden: Steinkopff
1940. — BERGMANN, VON: Ulcus pepticum. Dtsch. med. Wschr. 1939, 1113 — Allgemeine

---

[1] Abkürzungen: Lehrb. VOGT = VOGT, H.: Lehrbuch der Bäder und Klimaheilkunde.
Berlin: Springer 1940.

Hdb. = DIETRICH u. KAMINER: Handbuch der Balneologie und medizinischen Klimatologie. Leipzig: Thieme 1916—1926.

klinische Pathologie der Zivilisationsschäden. In Zivilisationsschäden. München: Lehmann 1940. — BIELING: Über Dosierung klimatischer Heilmittel. Balneologe **1935**, 104. — BRADTKE u. LIESE: Hilfsbuch für raum- und außenklimatische Messungen. Berlin: Springer 1937. — BRAUN, M.: Untersuchung über die Magensaftsekretion nach einem Klimawechsel an der See. Inaug.-Diss. Hamburg 1935. — BÜTTNER: Bioklimatologie. In Lehrbuch VOGT.

CAUER: Biologisch wichtige chemische Beimengungen der Luft. In „Organismen und Umwelt". Dresden: Steinkopff 1939, 158. — CURSCHMANN: Allergische Krankheiten im Seeklima. Arch. Ohr- usw. Heilk. **143**, 271 (1937) — Aussichten der Asthmabehandlung im „allergenfreien Milieu". Fortschr. Ther. **1938**, 561.

DEGKWITZ: Bioklimatische Untersuchungen an der Nordsee. Balneologe **1936**, 263. — DEICHERT: Hufelands Stellung zur Balneologie. Z. Baln. Klimat. **2**, 747 (1909/1910). — DENECKE u. DOCKHORN: Polycythämie. Med. Klin. **1939**, 1654. — DETERMANN: Das Höhenklima und seine Verwendung für Kranke. Sammlung klinischer Vorträge Nr **308**, 1901 — Klimatotherapie bei Herz- und Gefäßkrankheiten. Z. phys. Ther. **16**, 1912. — DIEHL: Die Wirkung der Ultraviolettbestrahlung der Haut auf die Magensaftsekretion. Naunyn-Schmiedebergs Arch. **159**, 367 (1931). — DIENER: Die Kurortbehandlung der chronischen Katarrhe der Luftwege und des Asthma bronchiale (Aufgaben und Ziele). Balneologe **1936**, 305 — Zur Behandlung des „Status asthmaticus". Dtsch. med. Wschr. **1937**, 624 — Zur Frage der Bedeutung des Infekts und der bakteriellen Allergie für Entstehung, Verlauf und Behandlung des Bronchialasthmas. Wien. med. Wschr. **1938**, Nr 47. — DIENER u. SEELIGER: Richtlinien für die Entsendung von Katarrh- und Asthmakranken in Kurorte. Balneologe **1939**, 145. — DIENES: Das Luftkörperklima von Bad Nauheim. Z. Kurortw. **2**, 430 (1932). — DIEPGEN: Medizin und Kultur. Stuttgart: Enke 1938. — DOVE: Krankentag und Klima. Z. Balneologie **5**, 16 (1912). — DUESBERG: Über die Behandlung des Magen- und Zwölffingerdarmgeschwürs. Fortschr. Ther. **1940**, 155. — DUMAS: Cures climatiques et maladies de l'appareil cardiovasculaire. In Traité de climatologie. Paris: Masson 1935. — DURIG: Zur Physiologie und Pathologie des mittleren Höhenklimas. Wien. klin. Wschr. **1937**, 11.

ENGELHARD u. FRIEDRICH: Physikalische Behandlung bei Magenkranken. Münch. med. Wschr. **1939**, 1477. — ERNST: Über die Behandlung von Hyperthyreosen im deutschen Kurort. Med. Welt **1937**, 1256 — Der Myokardinfarkt. Münch. med. Wschr. **1940**, 1437. — EVERS: Die katarrhalischen und allergischen Erkrankungen der Atemwege. In Lehrb. VOGT.

FLACH: Die Bedeutung von Wetter- und Klimadarstellungen für Heilstätten und Kurorte. Z. phys. Ther. **42**, 45 (1932) — Atmosphärisches Geschehen und witterungsbedingter Rheumatismus. Dresden: Steinkopff 1938. — FLEISCHMANN: Die Behandlung der Hypertonie unter besonderer Berücksichtigung der Balneologie. Z. ärztl. Fortbild. **1926**, 207. — FLOHN: Grundfragen der Meteoropathologie vom meteorologischen Standpunkt. Biokl. Beibl. **1938**, 4 — Singularitäten des freien Föhns. Meteor. Z. **1940**, 134 — Bioklimatik der Kondensationskerne in BURCKHARDT u. FLOHN: Die atmosphärischen Kondensationskerne. Berlin: Springer 1939 — Die bioklimatische Bedeutung des „freien" Föhns. Balneologe **1941**, 1. — FORSGREN: Wie beugt man dem Ertrinkungstod vor? Ref. Kongr. Zbl. inn. Med. **102**, 284 (1940). — FRIEDRICH u. SCHULZE: Bewertung künstlicher Strahlenquellen für therapeutische Zwecke. Strahlenther. **66**, 609 (1939).

GÄNSSLEN: Regionäre Verschiedenheiten des normalen weißen Blutbildes. Dtsch. med. Wschr. **1937**, 503. — GÖTZ: Das Ultraviolettklima von Chur. Helv. physic. act. X, 5. — GRASER: Rachitishäufigkeit unter Spätwinterkindern einer Großstadt. Zbl. Kinderheilk. **61**, 520. — GROEDEL: Spezielle Balneo- und Klimatotherapie der Herzkrankheiten. Hdb. **5**, 205. — GRUNDIG: Richtlinien zur Entsendung von Herz- und Kreislaufkranken in Heilbäder. Balneologe **1938**, 193. — GRUNOW: Thermalbädertherapie im Lichte konstitutioneller Fragen. Balneologe **1934**, 221. — GUTHMANN: Physikalische Grundlagen der Lichttherapie. Berlin: Urban u. Schwarzenberg 1927.

HAAG: Die Bedingungen zur Auslösung allergischer Krankheiten. Klin. Wschr. **1935**, 264. — HÄBERLIN, C. (Wyk/Föhr): Thalassotherapie bei Altersbeschwerden. Arch. of Med. hydrol. **1937**, 250 — Praxis und Theorie der Meeresheilkunde. Erg. phys. Ther. **1**. Dresden: Steinkopff 1939. — HAEBERLIN, C. (Bad Nauheim): Der Kurarzt als Erzieher. Balneologe **1934**, 433 — Lebensrhythmen und Heilkunde. Hippokrates-Verlag. Stuttgart 1935 — Gedanken über die biologische Wirkung pflanzlicher Duftstoffe für Tier und Mensch. Dtsch. med. Wschr. **1932**, Nr 22. — HELLPACH: Geopsyche. Leipzig: Engelmann 1939 — Geogramme:

Eine bioklimatische, besonders auch kurwesentliche Aufgabe. Biokl. Beibl. **1940**, 17 — Die wissenschaftliche Erkenntnis von den kosmischen Einflüssen auf die menschliche Psychophysis. Forsch. u. Fortschr. **1940**, 37. — HENSCHKE u. SCHULZE: Über Pigmentierung durch langwelliges Ultraviolett. Strahlenther. **64**, 14 (1939). — HERKEL: Die Behandlung der Angina pectoris im Kurort. Hippokrates **1940**, 709. — HESS: Die spektrale Energieverteilung der Himmelsstrahlung. Gerlands. Beitr. Geophys. **55**, 204 (1939). — HILDEBRAND: Blutdrucksteigerung und -abfall. Klin. Wschr. **1940**, 934. — HOFSTÄTTER: Die rauchende Frau. Wien u. Leipzig 1924. — HOLLMANN: Soziales Schicksal und Krankheit. Dtsch. med. Wschr. **1940**, 1427. — HOPMANN u. REMEN: Blutdruckhöhe und Jahreszeiten. Z. klin. Med. **122**, 703 (1932). — HORNECK: Zur Erbpathologie der allergischen Krankheiten. Z. menschl. Vererbgs- u. Konstit.lehre **24**, 161 (1940). — HUDLETT: Untersuchungen über die Abhängigkeit der Erythembildung von klimatischen Faktoren. Fundamenta radiologica **5**, 15 (1939).

JUSATZ: Einige ärztliche Gesichtspunkte zur Heizungs- und Lüftungsfrage. Ges. Ing. **1937**, 380.

KAMPMANN, W.: Über die Behandlungsmöglichkeiten des Hochdrucks, insbesondere über das Fasten. Dtsch. Arch. Klin. Med. **184**, 216 (1939). — KESTERMANN: Abkühlungsstudien, mit besonderer Berücksichtigung des Frigorigraphen. Biokl. Beibl. **1940**, 1. — KNOCH: Der Kurortklimadienst des deutschen Reichswetterdienstes. Biokl. Beibl. **1938**, 1.— Über die klimatischen Anforderungen an einen Kurort. Biokl. Beibl. **1938**, 103. — KROETZ: Ein biologischer 24-Stunden-Rhythmus des Blutkreislaufs bei Gesundheit und bei Herzschwäche. Münch. med. Wschr. **1940**, 284. — KREBS u. WOLODKEWITSCH: Zur Frage des Zurückbleibens der Ionen in den Lungenalveolen. Biokl. Beibl. **1935**, 90. — KÜHNAU: Über den heutigen Stand der Balneo- und Klimatotherapie der Basedowschen Krankheit. Vortrag Wiesbaden 1936 I. Arbeitsgemeinsch. N. dtsch. Heilk.-Badekuren in Lehrb. VOGT. — KÜHNE: Zur Therapie des Asthma bronchiale. Balneologe **1937**, 193. — KÜSTER u. MEYER: Versuche über den therapeutischen Einfluß ionisierter Luft auf die experimentelle Tiertuberkulose. Beitr. Klin. Tbl. **95**, 354 (1940). — KÜSTER: Mensch und Raumklima. In „Organismen und Umwelt". Dresden: Steinkopff 1939.

LAMPERT: Sport und Gymnastik im Kurort und ihre praktische Durchführung. Dtsch. med. Wschr. **1937**, 627 — Wetter und Rheumatismus. Med. Klin. **1938**, H. 37 — Die Bedeutung der Reaktions-Typenlehre für die Behandlung der Paradentose. Paradentium **1938**, Nr 6 — Umweltwechsel als Erholungsfaktor. In DE RUDDER u. LINKE: Biologie der Großstadt. Dresden: Steinkopff 1940. — LAMPERT u. GRUNER: Richtlinien für Klimabehandlung. In Die natürliche Heilweise. Jena: Fischer 1938. — LANDSBERG u. WEYL: Measurements of Ultra-Violet Radiation Sums With Photo-Sensitive Glass. Bull. Americ. Meteor. S. **1939**, 254. — LANGEN: Experimentelle Studien über die Erythembildung. Strahlenther. **63**, 142, (1938). — LASCH: Spontanhypoglykämien bei Magenleiden. Dtsch. med. Wschr. **1940**, 903. — LÖFFLER: Die Wirkung des Hochgebirges auf den Kreislauf. Klin. Wschr. **1927**, 503. — LICKINT: Tabak und Organismus. Stuttgart: Hippokrates-Verlag 1939. — LINKE: Zur Physik des künstlichen Klimas. Balneologe **1939**, 241 — Kosmische und terrestrische Rhythmen. Konf. Rhythmusforsch. **1939**, Bericht. 26 — Differente und indifferente Klimate. Z. phys. Ther. **37**, 197 (1929) — Vorschläge zur Einrichtung von bioklimatologischen Stationen in Bädern und Kurorten. Arch f. Baln. u. Med. Klimat. **1**, 159 (1925) — Über die Luftkörperklimatologie. Z. phys. Ther. **41**, 195 (1931) — Die physikalischen Faktoren des Klimas. Hdb. Physiologie **17**, 462. Berlin: Springer 1926 — Meteorologisches in Lampert Heilquellen und Heilklima. Dresden Steinkopff: 1934 — Klimabehandlung. Arch. Gynäk. **161**, 307 (1936) — Klimatische Anforderungen an einen Kurort. Biokl. Beibl. **1938**, 7.

MAI, H.: Über das Ultraviolett des zerstreuten Tageslichtes und seine therapeutische Bewertung. Z. Kinderheilk. **60**, 154 (1938) — Experimenteller Beitrag zur Frage nach der natürlichen Entstehung des D-Vitamins im kindlichen Organismus. Z. Kinderheilk. **62**, 111 (1940). — MAY, W.: Die physikalisch-diätetische Behandlung der Basedowschen Krankheit. Erg. phys.-diät. Ther. **1**, 308 (1939) — MARTIN: Deutsches Badewesen in vergangenen Tagen. Jena: Diederichs 1906. — MARTINI: Die Wirkungen der kochsalzfreien Ernährung bei Hochdruckkranken. Dtsch. Arch. Klin. Med. **183**, 109 (1938) und Münch. med. Wschr. **1938**, 1409 — Über die Möglichkeiten des Fortschritts der inneren Medizin. Münch. med. Wschr. **1938**, 469 — Wege und Irrtümer der therapeutischen Forschung. Dtsch. med. Wschr. **1940**, 841. — MICHAUD: Klima und Herzkrankheiten. Verh. Klim. Tg. Davos 1925. Basel: Schwabe. —

Menzel: Über einen 24-Stunden-Rhythmus im Blutkreislauf des Menschen. Konf. Rhythmusforsch. **1939**, 166. — Merkelbach: Internistische Erkrankungen und Militärmedizin. Schweiz. med. Wschr. **1940**, 716. — Mörikofer: Meteorologische Strahlungsmessungsmethoden für Mediziner und Biologen. Fundamenta radiologica **4**, 36 (1939) — Die Abkühlungsgröße auf der Liegehalle. Gesundheit und Wohlfahrt. (Zürich.) **1940**, 283. — Mouriquand et Josserand: Syndromes metéoropathologiques et inadaptés urbains. 1935. Masson: Paris.

Neergaard, von: Die Klimatotherapie des Rheumatismus. Balneologe **1934**, 160 — Der Einfluß der Umwelt auf die Frühstadien von Erkrankungen. Dtsch. med. Wschr. **1940**, 480. — Nonnenbruch: Kontraindikationen gegen das Winterklima als therapeutische Maßnahme. Dtsch. med. Wschr. **1931**, 2057. — Norf: Vergleichende Gegenüberstellung der Häufigkeit des Ulcus pepticum in München in den Jahren 1900—1910 und 1920—1930. Dtsch. Z. Verdauungs- und Stoffwechselkrankh. **1**, 163 (1938).

Oordt, van: Physikalische Therapie innerer Krankheiten. Berlin: Springer 1920 — Klimatologie und Klimatophysiologie des Mittelgebirges. Verh. Klimat. Tag. Davos S. 213 — Klima und Klimatotherapie. N. Dtsch. Klin. **5**, 536 (1930).

Petersen: The Patient and the Weather. Michigan E. Brothers. 1934—1938, teilweise deutsche Zusammenfassung: Holtzmann, I.D. München 1936. — Pfeiffer, C.: Über Feinregistrierungen des Luftdrucks. Meteor. Z. **57**, 177 (1939). — Pfleiderer: Über die Spezifität heilklimatischer Bedingungen. Balneologe **1937**, 71 — „Bioklimatologie". In Lehrb. Vogt.-Philipsborn, von: Die Bioklimatologie in der Krankheitslehre von Schönlein und Wunderlich. Biokl. Beibl. **1938**, 111 — Die Bedeutung des Katathermometers für den Arzt. Med. Welt **1939**, 88 — Allgemeine Regeln für die bioklimatologische Forschung des Arztes. Hippokrates **1940**, 593 — Die Bioklimatologie des Menschen als Teil der Medizin. Med. Welt **1938**, H. 18. — Preuner: Allergiestudien. II. Die Beziehungen zwischen experimentellem Asthma bronchiale und Witterung. Z. Hyg. **122**, 1939. — Przemeck: „Untersuchungen über den Einfluß von Freiluftliegekuren und Luftbädern im deutschen Mittelgebirge auf den Gasstoffwechsel und Betrachtungen über die regionär-klimatischen Veränderungen des Blutbildes I.D. Breslau 1939.

Raettig u. Nehls: Die Meteorotropie der Lungenembolie. Z. Klin. Med. **138**, 242 (1940). — Rajewsky: Luftionen und ihre biologische Anwendung. Strahlenther. **48**, 125 (1933). — Rickmann: Möglichkeiten einer planmäßigen Freiluftdauerbehandlung. Med. Welt **1938**, H. 20. — Riemerschmid, G.: Über die Vergleichbarkeit von Messungen mit UV.-Dosimetern. Fundamenta radiologica **5**, 182 (1940) — Zur Erythemwirkung der natürlichen Ultraviolettstrahlung. Radiologica **2**, 126 (1938). — Rittershausen: Einwirkung des Nordseeklimas auf die Magensekretion. Biokl. Beibl. **1937**, 178. — de Rudder: Grundriß einer Meteorobiologie des Menschen. Berlin: Springer. 1938. 2. Aufl. — Grundzüge der Bioklimatik des Menschen in Klima, Wetter, Mensch. Quelle und Meyer. 1938. Leipzig — Atmosphäre und allergische Krankheiten. Med. Welt **1938**, H. 6. — Rühl: Über die Bedeutung von Blutdruckerhöhung bei Jugendlichen. Verh. 51. Kongr. Inn. Med. **1939**, 333.

Sahlis, von: Die akuten Infektionskrankheiten im Oberengadin. (In Klimatisch-medizinischen Studien.) Basel 1933. — Sarre: Hochdruck nach Trauma. Dtsch. Arch. Klin. Med. **187**, 76 (1940). — Seeliger: Über katarrhalisches und spastisches Asthma. Balneologe **1936**, 545. — Siebeck: Zur Diagnose und Therapie bei Ulcuskranken. Dtsch. med. Wschr. **1940**, 449. — Singer: Über die Ursachen der Zunahme der Herz- und Gefäßkrankheiten. Wien. Klin. Wschr. **1935**, 353. — Sydow: Beiträge zur Bioklimatologie des Hochgebirges. Balneologe **1937**, 161 — Untersuchungen über die Abkühlungsverhältnisse an der Nordsee. Balneologe **1938**, 206 — Messungen der Ultraviolettstrahlung an der Nordsee. Z. angew. Meteor. **1938**, 252. — Schaefer: Schäden durch Wegfall, Veränderung und künstliche Entstehung von Strahlen. In Zivilisationsschäden am Menschen. München: Lehmann 1940. — Scheer: Über den Einfluß des Nicotins auf das leukocytäre Blutbild. Z. exper. Med. **107**, 219 (1940). — Scheurer: Die Temperaturen der menschlichen Haut. Erg. Inn. Med. **59**, 753 (1940). — Schittenhelm: Die Heilfaktoren des Klimas. In „Klima, Wetter, Mensch." Leipzig: Quelle und Meyer 1938. — Schlarb: Über Kondensationskerne und Leichtionen in künstlich klimatisierten Räumen. Biokl. Beibl. **1940**, 86. — Schlecht: Umstimmung durch Klima und Wetter. Dtsch. med. Wsch. **1933**, 475. — Schmauss: Ganzheitsbetrachtungen in der Meteorologie. Z. angew. Meteor. **1938**, 1. — Schmidt, A.: Wetter und Klima als Bedingungen der Heilwirkung. Biokl. Beibl. **1941**. — Schmidt, R.: Zur neurogen-vasomotorischen Theorie der Angina pectoris. Münch. med. Wschr. **1930**, 1435. — SCHOBER: Ist das Mineralwasser ein allopathisches oder ein homöopathisches Heilmittel? Med. Welt **1940**, H. 27. — SCHÖNEBERGER: Das Luftbad auf dem Gräfenberg. Naturarzt **1931**, 212. — SCHRÖDER: Der Harz als Kurgebiet. Braunschweig: Appelhans 1936. — SCHULTZ, I. H.: „Der nervöse Zustand". In Zivilisationsschäden am Menschen. München: Lehmann 1940. — SCHULTZE, W.: Klima- und Lichtbehandlung Hautkranker. Strahlenther. **66**, 635 (1939). — SCHULZ, L.: Künstliche Ionisation. Biokl. Beibl. **1934**, 11 — Messungen der Ultraviolettstrahlung im Oberharz. Biokl. Beibl. **1939**, 137. — SCHULZE, W.: Klinische Beobachtungen bei Hypertension. Wissensch. Mitteil. Balneolog. Univ.-Inst. Bad Nauheim **1939**, H. 7. — STAEHELIN: Höhenlufttherapie. Hdb. IV. S. 325. — STÄUBLI: Über die Indikationen und Kontraindikationen des Höhenklimas. Dtsch. med. Wschr. **1912**, 148 — Kasuistische Beiträge zur Wirkung des Hochgebirgsklimas. Z. Baln. Klimat. **3**, 294 (1910). — STEUER: Über die Dauerresultate der internen Magengeschwürsbehandlung. Erg. Inn. Med. **59**, 110 (1940). — STROOMANN: Über erfolgreiche Winterkuren im Mittelgebirge und über ihre speziellen Indikationen. Dtsch. med. Wschr. **1931**, 2053. — STÜHMER: Was kann von einer höhenklimatischen Behandlung bei Hautkrankheiten erwartet werden? Med. Welt **1939**, 461.

THILENIUS: Soden am Taunus. Wiesbaden: Niedner 1865. — TICHY: Mensch und Wetter. Neue Dtsch. Klin. **16**, 237 (1938—1939.) — TOPERCZER: Bemerkungen zum Gebirgsklima mit besonderer Berücksichtigung der Strahlungs- und Lichtverhältnisse. Wien. klin. Wschr. **1937**, 19. — THIEL, R.: Bedeutung der Augenuntersuchung für die Diagnose und Differentialdiagnose der Hochdrucks- und Nierenkrankheiten. Klin. Wschr. **1936**, 1785.

UFFENORDE u. GIESE: Angina und Wetter. Leipzig: Kabitsch 1931. — UHLENBRUCK: Die Klinik der Coronarerkrankungen. Berlin: Springer 1940 — Über die Prognose der Kreislaufdekompensation. Dtsch. med. Wschr. **1940**, 1317.

VOGEL: Die Herdinfektion im Gebiet des Hals-Nasen-Ohrenarztes. Dresden: Steinkopff 1940. — VOGT, H.: Spezielle Balneotherapie der einzelnen Krankheiten. In Lehrb. VOGT. — VOIGTS: Weitere Ergebnisse von UVE.-Messungen im Bereich der Lübecker Bucht. Biokl. Beibl. **1940**, 106. — VOLHARD: Die doppelseitigen hämatogenen Nierenerkrankungen. In Bergmann-Staehelin. Hdb. Inn. Med. 1931 — Die kochsalzfreie Krankenkost. Leipzig: Barth — Die Behandlung des Hochdrucks. Verh. 51. Kongr. Inn. Med. **1939**, 299; Dtsch. Gesellsch. Kreislauff. **1934**, 255; Diskussionsbemerkung. — VOSS: Über histaminähnliche Wirkung bestrahlter bzw. entzündeter Haut. Dermatol. Wschr. **107**, 1938. — VOLHARD: Die Bedeutung der Augenuntersuchung für das Verständnis der Hochdruck- und Nierenerkrankungen. Klin. Wschr. **1936**, 1745.

WEHRLI: Zur Geschichte der Klimatotherapie. Verh. Klimat. Tg. Davos: 1925. Basel: Schwabe. — WENCKEBACH: Herz- und Kreislaufinsuffizienz. Med. Praxis **12**. — WEZLER, K.: Die individuelle Reaktionsweise des menschlichen Organismus. In „Organismen und Umwelt". Dresden: Steinkopff 1939. — WEZLER u. BÖGER: Die Dynamik des arteriellen Systems. Erg. Phys. **41**, 292 (1939). — WIGAND: Gedanken über das Wasser. Hippokrates **1940**, 182.